Memory
transmutation

记忆蜕变

最强大脑训练法

江 丰◎著

文匯出版社

图书在版编目 (CIP) 数据

记忆蜕变：最强大脑训练法 / 江丰著. — 上海：文汇出版社，2020. 10
ISBN 978-7-5496-3329-6

Ⅰ. ①记… Ⅱ. ①江… Ⅲ. ①记忆术 Ⅳ. ①B842. 3

中国版本图书馆 CIP 数据核字 (2020) 第 180203 号

记忆蜕变：最强大脑训练法

著　　者 / 江　丰
责任编辑 / 戴　铮
装帧设计 / 天之赋设计室

出版发行 / 文汇出版社
上海市威海路 755 号
（邮政编码：200041）
经　　销 / 全国新华书店
印　　制 / 三河市龙林印务有限公司
版　　次 / 2020 年 10 月第 1 版
印　　次 / 2020 年 10 月第 1 次印刷
开　　本 / 880×1230　1/32
字　　数 / 135 千字
印　　张 / 7.5

书　　号 / ISBN 978-7-5496-3329-6
定　　价 / 39.80 元

序

增强你的记忆力，让它帮你拥有美好的人生

朋友，也许你知道智商和情商在自己的生活与工作中发挥着重要作用。但你知道吗？记忆力也是一种很神奇的力量，对每个人来说同样重要。

在工作中，拥有好的记忆力，你会拥有较高的工作效率；在学习中，拥有好的记忆力，你会取得优异的成绩；在生活中，拥有好的记忆力，你会拥有幸福、愉快的生活。

那么，我们如何才能拥有好的记忆力呢？

曾经，我也对这个问题百思不得其解。一次活动中，我认识了杨昀，见识了他的超强记忆力后，对自己的记忆力感到很自卑。

当时杨昀凭借高超的记忆力，让主持人在他的手机通信录里随机念出一个人的名字，他能立即背

出对方的电话号码。最终，杨昀将手机通信录里的电话号码全部背了出来。观众们见证了这一幕，场下顿时响起雷鸣般的掌声。

杨昀告诉我，他有优于常人的记忆力，加上自己良好的学习习惯，在高中时就能够背诵英语四、六级考试要求的单词，并顺利通过了考试。

听完杨昀的话，我不禁有些羡慕，为什么自己就不能像他一样，拥有这样高效的记忆力？如果我有了强大的记忆力，那些大大小小的考试、复杂专业书籍的阅读都将不在话下。

于是，我特意去书店买了大量关于如何提高记忆力的书，仔细阅读，认真学习。

带着兴奋的心情，我一口气看完了那些书。遗憾的是，我的记忆力并没有任何实质性的改变。直到有一次请教杨昀后，我才明白了其中的原委。

杨昀告诉我："提高记忆力的方法有很多，但很多方法只是停留在书本上的理论知识。提高记忆力，需要在实际生活中灵活运用，把方法融会贯通，才能彻底掌握。"

听了杨昀的话，我恍然大悟。市面上的大部分记忆力类书籍，往往只会千篇一律地介绍记忆宫殿法、数字编码法、口诀记忆法等知识，看了之后，如果不懂得运用也只是纸上谈兵。时间一久，你就会将它们抛之脑后，忘得一干二净。

近年来，随着《最强大脑》节目的热播，人们开始对记忆力产生兴趣，记忆力培训班的广告也多了起来。

于是，我拿起以前购买的书籍重新阅读，尝试着运用于实践。期初效果并不明显，但随着练习次数的增加，我渐渐掌握了窍门，记忆力逐渐有了提高。

以前，我是同事口中的“路痴”，就算是在生活多年的城市购物，也时常找不到方向，甚至发生过用手机导航将自己导迷路，最后只好打车回家的经历。

借着五一劳动节放假，我决定一个人去外地旅行。其间，我独自找景点、找酒店、乘地铁，却没有再迷路，玩得很尽兴。同事们知道后，大声惊叹：“什么？你竟然能独自一人在陌生的城市找到路？你是怎么做到的？”

我淡定地回答：“我提前做了五份攻略，用一天的时间将它们背了下来。”同事们有些不相信我的话。我告诉他们，我有独特的记忆方法，记忆力早已提高，彻底告别“路痴”这个称号了。

有同事问我：“那要如何迅速记住一本书的内容呢？”

我正要开口回答，没想到他拿起办公桌上的一本书，让我在1分钟之内看完目录，然后合上书复述一遍。如果我不能流利地复述出来，就说明我在吹牛。

结果让所有人都大吃一惊，我成功地将目录复述了出来。这时，同事们朝我投来羡慕的目光，纷纷问我刚才是如何记住的，可不可以将方法教给他们。

如何告别“路痴”的称号？如何快速记住一本书的内容？如何快速记住英语单词……对于这些问题，你有答案了吗？

希望本书能对你有所启发，增强你的记忆力，帮助你拥有美好的人生！

目 录

Contents

/第三章/ 记忆知识释疑

/第四章/ 掌握实用的超级记忆法

/第一章/
记忆力是可以提高的

羡慕别人拥有好的记忆力，却觉得自己的记忆力无论如何也不能提高。抱着这样的想法，你的记忆力永远也无法得到改善。

记忆力是可以改变的。你现在记忆力差，不代表以后也会差，关键是你能否为了提高记忆力而努力。

一、记忆到底是怎么一回事

在电视节目《最强大脑》中，选手们通过自己超强的判断能力、逻辑推理能力、空间思维能力、形象思维能力等，为观众带来了一场又一场关于大脑能力的精彩对决。

无独有偶。同样类型的节目《高能玩家》中，选手们也通过记忆力、决策力、判断力等技能展示，让电视机前的观众对他们拥有的高智商的大脑拍案叫绝。

两个节目中，选手们的各项技能展示，都与记忆力有着莫大的关系。他们中有几位知名记忆达人，曾在国内外的各类记忆比赛中多次斩获大奖。

看着选手们的精彩表现，你可能会忍不住问自己："为什么我的记忆力就没有他们那么出色呢？"

多年来，褚曼一直有一个心结。她的记忆力很不好，这是埋藏在她内心深处的一块心病。

学生时代的褚曼，总是记不住老师课堂上讲的知识。就连教材中政治、地理、历史等学科的常识性知识，别人课上听听课、课下随便复习下就能考高分，她却要拼命地背书才能勉强及格。

高考那年，好朋友跟褚曼约好一起报考南方的一所重点大学。褚曼告诉朋友：“在学习方面，我不是天赋型选手，记忆力太差了。对于文科课程，我拼命背诵也考不了高分，不敢报重点大学。”

参加工作后，褚曼在单位也不受领导的重视。领导安排的工作，褚曼总是记不住，不能及时完成领导交代的工作。

褚曼也曾想通过考试进入事业单位，从事自己想做的工作。但一提到看书，她的头都大了。她前后参加过七次事业单位的考试，没有一次进入面试。

无数的事实告诉褚曼，记忆力差是一个硬伤。为了提高自己的记忆力，褚曼吃遍了市面上卖的号称能改善记忆力的保健品，参加了无数次的记忆力培训班，但她的记忆力依然没有得到提高。

每次看到那些记忆力高手的表现，褚曼就会露出十分羡慕的表情，幻想自己的记忆力若是有他们一半就好了，自己的人生将会是另一种风景。

看着电视节目中的记忆高手，你可能会问，他们的大脑究竟是一个怎样的构造，为什么他们的记忆力那么好?

当你了解了记忆是怎么一回事后，就会明白，他们的超强记忆力、超强分析能力其实都是有规律可循的，并没有你想象中的那么神秘。

心理学是这样定义记忆的：记忆是在头脑中积累和保存个体经验的心理过程。运用信息加工的术语来说，就是人脑对外界输入的信息进行编码、存储和提取的过程，即为记忆。

一个人对感知过、体验过、思考过的情感或活动，在头脑中会留下不同程度的印象。此印象保留很长时间后还能提取出来，属于记忆力强的表现。

周锐学什么东西都很快，朋友们说他的脑子好使，记忆力好。周锐自己也这么觉得。

高中以前，周锐并不是一个记忆高手。别人说了一遍的话，他能反复追问对方："你刚才说了什么，我忘了，麻烦你再重新讲一遍。"

升入大学以后，周锐参加了学校的记忆协会。协会经常举办记忆力方面的培训活动，参加活动的次数多了，周锐渐渐掌握了记忆的方法。无论是课本上的知识，还是现实生活中的各种事情，他能立刻记住。他仿佛换了一个人似的，散发出自信的光芒。

有一次，室友带周锐去网吧打游戏。从来没有打过游戏的周锐，竟然在几分钟之内全部记住了游戏的操作技能。

在周锐的帮助下，室友所在的团队赢得了胜利。室友拍着周锐的肩膀，激动地说道："兄弟，你真牛。以前认为你是个书呆子，没想到还有玩游戏的天赋！"

周锐谦虚地笑着回答："你过奖了。我只是运用了一些记忆的方法，将游戏的操作方法、游戏地图、对手的装备全部背了下来。”

生活中，有的人第一次到过一个地方，再去的时候能准确地找到路；有的人看了一遍电影，能通过回忆的方式，把电影内容迅速复述给别人听；有的人考试时，能把提前背诵好的知识准确无误地写出来，顺利通过考试，拿到高分。

这些人记东西牢固，不容易出错，是记忆力好的表现。

在我们周围，存在这样一种现象：记忆力好的人，理解力通常也很好，无论是工作、学习还是生活，他们更容易获得好成绩，好像脑子天生就比别人要聪明。

其实，这只是你的错觉！记忆力好与成功只存在“相关”的关系，不是因果关系。记忆力好，只会让你记背知识、保存知识快。如果你想要获得成功，还需要在拥有好的记忆力的基础上，坚持目标并付出持之以恒的努力。

那么，记忆力差的人为什么会记忆知识慢、不牢固？这要从记忆的过程中来找答案。

记忆过程包括编码、存储、提取。一般来说，记忆力不好的人往往有以下三点特征。

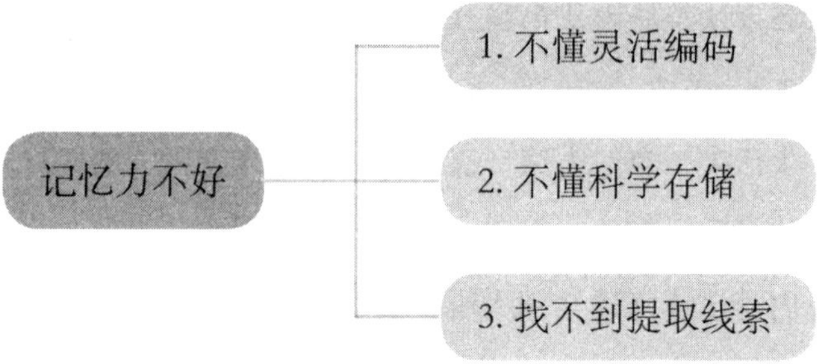

1. 不懂灵活编码

编码是一个人获得经验的过程，相当于记忆中的“记”这个阶段：面对一份材料，只有找对方法灵活处理，才能便于大脑更好地记忆。

例如，要记忆一组数字：19、38、76、152，你会发现，从第一个数字开始，每个数字等于前一个数字乘以 2。根据这个规律，记住 19，你就能很快记住全部数字。

2. 不懂科学存储

存储是把感知过的事物、体验过的情感、做过的动作、思考过的问题等，以一定的形式保存在人的大脑中。它是信息编码和提取的中间环节，在记忆过程中发挥着重要的作用。

例如，在记《牵手》这首歌词时，你不用死记硬背，只须记住这首歌背后的故事，再结合自己的理解记忆，下一次唱这首歌时，你便能轻易地唱出来。

3. 找不到提取线索

提取是记忆最后的环节，它是指从记忆中查找已有信息的过程，相当于记忆中的“忆”这个阶段。一个人记忆的好坏，需要通过信息的提取表现出来。

许多时候，你明明记得一件事情，但绞尽脑汁想了半天，却怎么也回忆不出来，这正是你的提取方式出了问题。如果你能找到有效线索，定能回忆出这件事情的始末。

所有的记忆，都离不开这三个过程。

此外，记忆还依赖个体已有的知识结构。个体只有将输入的信息以不同的形式汇入人脑已有的知识结构时，新的信息才能在头脑中得到更好的巩固。

电视节目中，记忆高手们通常有这样的技能：在记忆一个立体图形时，他们会首先在大脑中将其和已经记住的图形对比，接着采用一定的策略记住它们之间的差别。当需要提取该图形时，他们只须想一想，便能全部提取出来。

每个人采取的记忆策略不同，提取记忆的能力也不同，表现出来的记忆能力也就不同。

记忆高手之所以拥有好的记忆力，不过是他们掌握了记得牢固、提取准确的方法而已。

只要你掌握了正确的记忆方法，经过长时间的练习，也能变得像他们那样厉害。

二、好的记忆力并非天生的

如今，你还记得自己上学时的事情吗?

每个班上总会流传有学霸、学神的故事。学霸和学神是那种学习能力很强、考试中能轻松考到高分的人，他们是传奇人物，记忆力过人。老师讲的知识点，他们只要记一遍就能长久记住。相比他们，普通的学生只能死记硬背，拼命记忆。

刘奎是一个学霸，从小学到高中，他的成绩一直名列前茅。进入大学后，他连续四年获得奖学金，在学校的各类比赛中也获得多种荣誉。

同学张延曾经好奇地问他："你是天选之子吗？成绩这么好，难道记忆力天生就比别人好？"

刘奎听后，苦笑着回答："没有，我哪里是什么天选之子。在你们玩的时候，我一直都在默默看书、学习，只不过是付出了许多努力而已。"

"同样是背诵课本知识，我们要用三天才能背完，你为什么用一个小时就记住了？"张延继续追问。

张延之所以问这个问题，是上学期期末考试，有一门叫

“人体解剖生理学”的科目，老师说这门课容易挂科，嘱咐同学们要认真复习。

当时在图书馆，张延和刘奎一起复习。刘奎只用一个小时就全部背熟了该科目的知识点。考试的时候，刘奎以98分的成绩获得全班单科成绩第一名。想起这件事，张延始终觉得不可思议。

刘奎听后，笑着说道：“你是说背诵‘人体解剖生理学’这件事吧？上课时我认真听讲，课后认真做好思维导图，期末考试前只是将思维导图努力背熟了而已。”

张延明白了，说道：“也就是说，你在用记忆方法来记忆？”

“那当然了。如果死记硬背，谁能在一个小时内将一本书的知识全部背熟？”

听了刘奎的话，张延开始知道学霸的神奇记忆是怎么回事了。

无论你承不承认，这个世界确实是不公平的。有的人天生就智力超群，记忆力惊人，学习能力强。在老师和家长的眼里，这样的人永远自带光芒，是大家口中所说的“别人家的孩子”。

你可能会惊叹，老天真不公平，让他们生下来就赢在了起跑线上，而自己无论怎么努力都望尘莫及。

不过，有个奇怪的事实，你可能不知道，那些成功的人并不全是从小就智商高、学习好的人。许多高考状元、名牌大学毕业生走入社会后的人生履历也只是泯然众人，与普通人比起来没有太多差别。

先来让我们看看一些关于记忆力的故事。

法国著名军事家拿破仑，在制定法典的会议上，能随口引证自己 19 岁时在禁闭室内看过的《罗马法典》。

画家达·芬奇，能将看到的壁画完全默画出来。画中比例和细节点缀宛如原作，连色彩明暗差别都再现得十分逼真。

音乐神童莫扎特只须听一遍就能把神秘不外传的、相当复杂的变调音乐大合唱默记在心。

《最强大脑》节目嘉宾王峰拥有“亚洲第一记忆大师”的称号。他曾在世界记忆大赛中，以 5 分钟记忆 500 个数字、1 小时记忆 2660 个数字和听记 300 个英文数字的成绩，打破 3 项世界纪录。

自己辛辛苦苦，好不容易才勉强记住的知识点，而有的人却不费吹灰之力将其全部记下。为什么会出现这样的情况？难道好的记忆力是天生的吗?

电视节目中的那些记忆高手并不是生下来就记忆超群，他们是通过长期的专业练习才提高自己的记忆力的。

说到记忆力，必须说说大脑的结构。

人的大脑有左、右两个半球，右半球略大，重于左半球。大脑半球分为额叶、顶叶、枕叶、颞叶、导叶，其中颞叶与记忆有一定的关系，而左、右半球的颞叶具有明显的不对称性。

心理学家经过研究得出结论：语言、阅读、书写、数学运算和逻辑推理等，主要集中在大脑的左半球；知觉物体的空间关系、情绪、艺术等，则主要集中在大脑的右半球。

大脑两个半球的功能并不是完全独立的，而是协同活动的。任何进入大脑一侧的信息，会迅速通过胼胝体传达到另一侧，做出统一的反应。

根据大脑两半球的特点，记忆分为左脑记忆和右脑记忆。日常生活中，成年人大多使用的是左脑记忆，儿童、青少年大多使用的是右脑记忆。

右脑记忆中存在“图像记忆”，它采用从整体到局部的记忆加工方式，通过“照相式记忆”迅速存储和提取信息。

看到这里，你可能会说：“我现在是成年人了，学习知识和记忆事物不同于孩童时代，我的记忆力不好，通过后天训练还能提高吗？”

答案是：能！

好的记忆力并非天生的。要想提高记忆力，你需要改变不正确的认知观念。

1. 记忆是智力的一部分

你要明白，记忆是智力的一部分，同其他技能一样，是可以通过后天的练习逐渐提高的。即使你现在记忆水平低下，总是记了忘、忘了记，反复循环，也可以通过后天的练习，提高你的记忆水平。

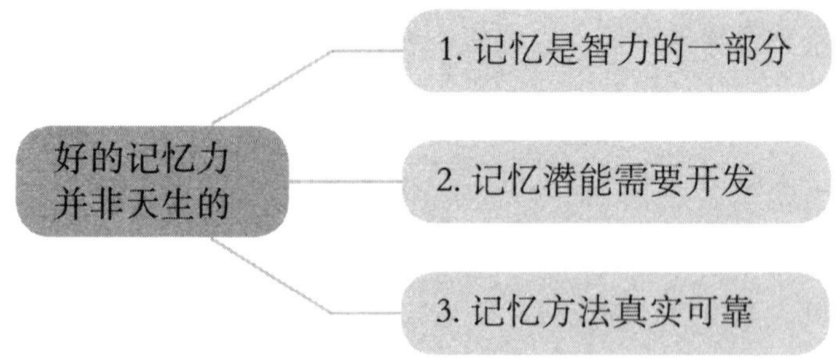

2. 记忆潜能需要开发

许多时候，你总抱怨自己的记忆力差。但你不知道，这与你没有坚持长期锻炼大脑、刺激大脑的记忆潜能有很大的关系。

大脑的潜力是无限的，你不去开发它，永远不知道自己的记忆会有多大的可能性。例如，记忆几个数字：1919、5、4。不同的人看到这组数字，会有不同的反应。如果学过历史知识知道五四运动的发生，只须用五四运动代替这组数字就能实现快速记忆。

3. 记忆方法真实可靠

有许多记忆方法，如谐音记忆法、口诀记忆法、宫殿记忆法，能真实地帮助我们加强记忆。实践证明，根据材料特点采取适合的记忆方法，会让你产生意想不到的记忆效果。

即使你要记忆的材料没有明显的规律，也可以发挥自己的想象，将它们巧妙地联系起来快速记忆。前提是，你需要在实践中多加运用各种记忆方法，做到熟能生巧。

目前的专业研究认为，记忆是智力的重要内容。智力具有一定的遗传性，但一个人所处的环境同样对智力起着重要的作用。

智力的遗传率约为60%，另外40%的智力水平归因于环境差异。换句话说，记忆力受到先天遗传和后天环境的共同作用。所以，不要因为自己的记忆力差就怨天尤人、自暴自弃。相反，要坚信通过自己的后天努力，你也能成为记忆高手。

三、你也可以成为记忆达人

生活中，有些人总是羡慕别人的记忆力好。当他们看到别人的高效记忆力后，会忍不住感叹："同样是记忆，为什么我就不能迅速记住呢？"

其实，记忆力是一种可以通过后天努力得以提高的能力。你之所以记忆力差，是你不懂得正确的记忆方法。

在《最强大脑》的一期节目中，选手吴天胜代表中国队打败了意大利队，他的对手是世界记忆大师马代奥·萨尔沃。

据资料显示，吴天胜是我国首位世界记忆冠军。然而，他并不是天生的记忆高手，他曾经是班上的“差生”，成绩一度处于中下游水平，复读一年后才考上大学。

大学第一学期，他甚至有三门功课挂科的记录。

一次偶然的机会，吴天胜接触到了记忆法的有关知识。通过长期的努力，他掌握了适合自己的记忆力方法，从此开启了他的“开挂”人生。

吴天胜的故事告诉我们这样一个道理：世上没有所谓的天才。

大多数的天才，往往除了天赋外，还懂得运用正确的方法，加上长期勤奋的努力，才能取得成功。正如伟大物理学家牛顿所说：“成功是 1% 的天赋，加上 99% 的汗水。”

看《最强大脑》节目时，我们会惊叹选手的精彩表现，认为他们的大脑与众不同，一定拥有着高智商、高分析能力、强判断力和记忆力等。

其实，我们要明白，能力不等于记忆，它只是一种心理特征，是个体顺利实现某种活动的心理条件。

在《最强大脑》节目中，选手展现的是记忆、逻辑、知觉等能力。这些能力只是脑力的一种表现，不能说记忆力强的人，智商就一定高、能力就一定强。

《最强大脑》中，“科学判官”魏坤琳教授在采访中说过：“记忆力是训练出来的，世界记忆力比赛和所有竞技比赛一样，大部分选手要通过后天练习。练习方法与体育训练类似，有一套训练技巧，比如宫殿记忆法等。很多观众，只要肯下功夫苦练，完全有可能达到舞台上选手的水平。”

神经科学研究表明，记忆大师的大脑和普通人比，形态上没有差别，智商上也没有差别，归纳总结等逻辑能力并没有比常人更强。他们拥有好的记忆力，只是因为掌握了有效的记忆技巧。

周冲是班上的“差生”，从初一到初二，他的语文、数学、外语三门功课，常常不及格。

班主任曾多次将周冲叫到办公室，郑重地提醒他：“以你现在的成绩，再不想办法提高，连普通高中的录取线都过不了！”

到了初三，周冲的成绩突飞猛进，一下子进入班上前三名，中考还考了全县前三名，被市重点中学录取。这让同学和老师难以置信，对他刮目相看。

原来，初二暑假时，周冲报了一个记忆力培训班。通过系统培训，加上自己不断地练习，他的记忆力得以迅速提高。

10 分钟内，周冲能记住 100 个随机数字，半小时内记牢一篇文言文，1个小时内能记住100～300个英语单词，10天内能记住一本英语教材的全部内容。

参加培训之前，周冲做梦也想不到自己能有如此厉害的记忆力。

显然，周冲是在记忆力提高后，学习能力才得到了发展。那么，怎样才能像周冲一样提高自己的记忆力呢？

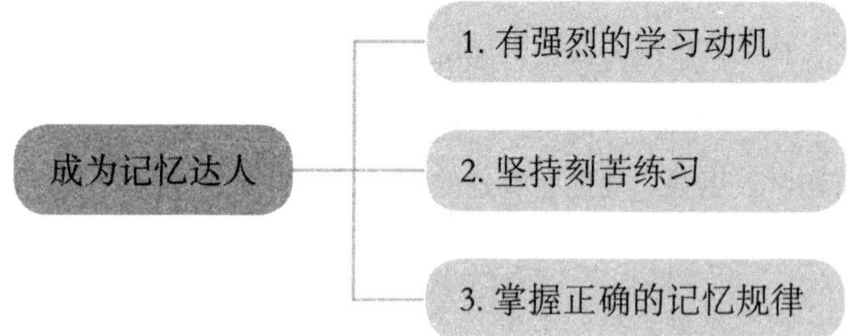

1. 有强烈的学习动机

天才和普通人最明显的区别，就是天才的动机更强。他们为了实现目标，往往表现出强烈的执着精神，有着不达目的绝不罢休的毅力。

如果你想成为记忆达人，首先要坚定这个理想，肯为实现这个理想而坚持，这是成功的首要条件。

2. 坚持刻苦练习

练习记忆力的方法五花八门，往往会很枯燥。普通人坚持一个月左右会选择放弃练习，记忆高手却会坚持几年，甚至十几年。通过长期的练习，他们最终成功掌握了记忆的技巧，并将技巧迁移，逐步提高自己的记忆力。

不要怕练习记忆的过程枯燥。当你坚持一段时间取得一些成果后，就不会觉得枯燥，反而会享受这个过程。

3. 掌握正确的记忆规律

科学家经过研究发现，记忆存在时间规律。一天之中，上午 9 ~ 11 点、下午 3 ~ 4 点、晚上 7 ~ 10 点的记忆效率最高。

当你想要记住某些重要的知识点时，可以选择在这些时间段记忆。当然，每个人的情况不同，记忆的时间规律也各有不同。

有的人早上记忆力差，到了晚上记忆力反而好。如果你是这样的人，则需要合理安排时间，运用好记忆规律，为自己所用。

世界上从来没有一蹴而就的事，要想取得成功，必须付出足够的努力。如果期待自己成为记忆高手，你需要脚踏实地，努力践行，而不是永远停留在仰望阶段。

给自己一个期待，你的记忆力才能上一个台阶。

四、灵活运用记忆的三个系统

通过前面的介绍，我们知道记忆是信息在大脑里编码、存储、提取的过程。要想深度了解记忆的相关知识，必须了解记忆的三个系统。

1968 年，心理学家阿特金森和希夫林提出了记忆的多重存储模型。该模型把记忆看作一个系统，根据信息保持时间及进入大脑的先后顺序，分为感觉记忆、短时记忆和长时记忆。

感觉记忆，又叫瞬时记忆或感觉登记，保持时间为 0.25 ～ 2 秒，是记忆系统对外界信息进一步加工之前的暂时登记，它包括图像记忆和声像记忆。

彭钰在去年就报名了研究生考试。随着考试时间的临近，他感到无比焦虑。

彭钰在一家设计公司上班，工作朝九晚五，没有多余的时间复习，他只能利用下班后以及周末的休息时间努力看书。眼看还有一个月就要考试了，他的政治还没有复习，专业课知识也没有背。

彭钰知道，按照这样的复习进度，考试一定会失败。看着彭钰每天在办公室无精打采的模样，同事张海很为他感到担心。

有一天，张海对他说："你最近是不是一直在为研究生考试发愁，听说过声像记忆法吗？"

彭钰一听马上有了精神，连忙问他："愿闻其详。"

"你可以将自己要背诵的知识录成音频，利用坐公交车、吃饭的碎片化时间反复听，这也是一种记忆方法。"

"好主意，我试试看。"彭钰下班后，将政治和专业课的知识通过手机录音的方式保存在手机里，每天反复听，果然产生了良好的效果。

故事中的彭钰，使用的就是感觉记忆中的声像记忆法。

感觉记忆虽然保存的时间短暂，却有着较大的容量，为记忆进入短时记忆和长时记忆起到基础性的作用。

与感觉记忆不同，短时记忆处于感觉记忆和长时记忆的中间阶段，保持时间为 5 秒～1 分钟，容量为 5 ～ 9 个组块。编码方式以言语听觉形式为主，也存在视觉和语义的编码。

长时记忆是这三种记忆中的另类，它的容量没有限制，是一种永久性记忆，保持时间为 1 分钟以上，甚至终生。

王珂是一名舞蹈爱好者，从小学习各种舞蹈，如拉丁舞、芭蕾舞、爵士舞……只要你能说出的舞蹈，她能立刻跳给你看。

有一次，王珂和朋友饶蕊相约去购物。夕阳西下，小区门口突然响起音乐，一群上了年纪的人在跳广场舞。

仔细听，歌曲竟然是最近流行的那首《野狼 disco》。被动感的节奏吸引，饶蕊心动了："走，我们也去扭一扭。"

"去就去，谁怕谁！"王珂毫不示弱，跟着饶蕊走到跳舞的人群中。王珂只是大略看了几遍，便与周围的人跳得一模一样。

饶蕊却是在人群中乱舞，显得格外引人注目。其他人跟着节奏，在左手边画一个龙，她却是在右手边画一个龙，甚至因为跟不上节奏，被身后跳舞的人踩到脚后跟。

歌曲结束后，饶蕊坐在椅子上直叹气："广场舞好难，以后我老了可怎么办，连广场舞都学不会。"

王珂听了大笑起来："那是你不会记舞蹈动作，用心理学的观点来说，是你没有将舞蹈动作变成长时记忆，刻在脑海里。"

饶蕊愣住了，问："什么是长时记忆，你能给我解释一下吗？"于是，王珂耐心地给饶蕊解释了一遍。

饶蕊听了后，恍然大悟："难怪你学跳舞速度快，原来是因为你懂得将舞蹈动作存进长时记忆里。"

有时候，某些一闪而过的信息，你当时记住了，过后怎么也想不起来。有些信息，虽然你只看了一遍，却深深记在脑海里。

这就是感觉记忆和长时记忆产生的结果。想要记住一段材料，必须经过记忆的三大系统。

生活中，记忆高手懂得将记忆进行编码加工，存储进长时记忆，再根据记忆规律进一步地记忆。

那么，要如何才能利用好记忆的三个系统，更好地记忆材料呢？有许多种方法可以实现。

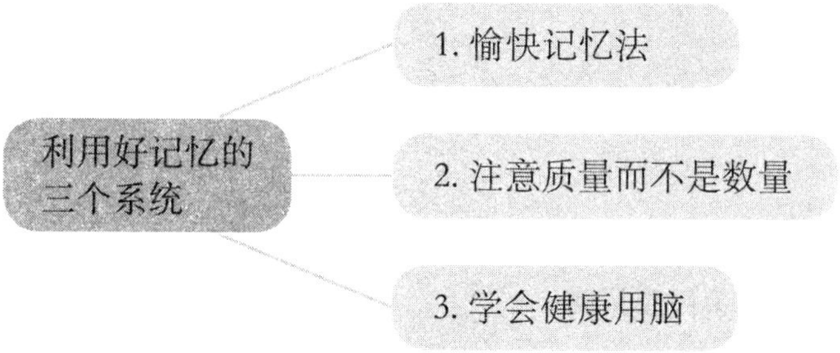

利用好记忆的三个系统

1. 愉快记忆法

2. 注意质量而不是数量

3. 学会健康用脑

1. 愉快记忆法

对熟悉的、感兴趣的材料和内容，人们记忆起来会很快，也不容易忘。记忆新知识时，我们不要采取机械无意义的记忆方式，而是要利用想象来愉快地记忆。

例如，学数学时，你要认识到这是在学习推理证明；学语文时，你要认识到这是在为以后的交际口才或写作做准备；学英语时，你要认识到这是为以后当翻译家打基础。

通过想象，激发对材料的兴趣，抱着愉快的心情来记忆，你能记得更好。

2. 注意质量而不是数量

我们记忆知识或者重要事情时，目的是能够记住，为我们所用。如果你只是贪多，讲究数量而不谈质量，最后什么也记不住，这就背离了你的初衷。

拿学习来说，学习程度相等的情况下，背记材料越多忘得越多，材料少反而忘得越少。

如果你要学很多知识，可以列一个计划，细化每个知识点，循序渐进，每天只学一部分，由少到多。这样，你不仅记得快，也记得牢。

3. 学会健康用脑

记忆和大脑的健康状况有关，要想有好的记忆，必须学会健康用脑。研究发现，营养不良、缺乏蛋白质会使记忆力下降；饮酒过度、脑外伤等，也会对记忆造成不良后果。

健康用脑方面，需要注意合理休息，千万不要有长时间熬夜、长期不吃早餐等伤害大脑的习惯，这会大大影响大脑的功能，导致记忆力下降。

记忆的三个系统在记忆加工阶段，有着十分密切的关系，发挥着十分重要的作用。因此，想要实现高效记忆，可以先从记忆的三个系统上下功夫。当你能将信息在这三个系统之间进行有效加工，成为一名记忆达人则将指日可待。

五、如何测量自己的记忆广度

看到别人能够快速、准确、清楚地记住一串复杂的数字，完整地背出一篇文章时，我们会夸他记忆力真好。

反之，对那些记忆事物慢或者记忆不准确的，我们便会说他记忆力差。

要怎样才能知道自己的记忆究竟是好，还是坏呢?

石毅一直有个疑问，他不知道自己的记忆力水平如何。同事总说他的情商高，唯独记忆力水平欠佳。

同事小张每次跟石毅交接工作，讲了无数遍，石毅仍然会反复要求小张："麻烦你讲慢一点儿，我跟不上你的节奏，最好多讲几遍。"

小张的语速并不快，石毅却总是听不懂。其他同事也向石毅提过这个问题，次数多了，石毅开始反思，可能自己的脑回路跟别人不一样，要慢几拍。

有一天早上，石毅与学心理学的好友聊天。好友告诉他："电视里的广告词通常不会超过9个字，这是为了照顾观众的记忆广度。字数太长，观众会记不住的。"

石毅听了恍然大悟，自己每次记东西比较慢，是不是说明自己的记忆广度不好呢？

判断一个人的记忆力是好还是差，有没有具体的标准？很遗憾地告诉你，记忆力是一种心理过程，不能直接测量。

不过，我们可以根据短时记忆信息保持时间在 1 分钟之内的特点，对记忆进行间接测量，这时测到的结果是记忆的广度。

所谓记忆广度，是按固定顺序逐一呈现一系列刺激以后，刚刚能够立刻正确再现的刺激系列的长度。

简单来说，记忆广度是短时记忆的容量，为 5 ～ 9 个组块。其中，组块是记忆单位，可以是一个词语、一个数字，也可以是一个句子。

记忆的测量方法主要有回忆法、认知法、节省法。其中，回忆法是一种最常用的方法。

回忆法有两种形式：一种是让受测者背诵一段有固定字数的短文，然后计算出受测者需要多长时间才能正确地记住短文内容；另一种是在规定的时间内呈现一组数字，计算出受测者能记住的数字个数。

测量自己的记忆广度，有以下两种方法。

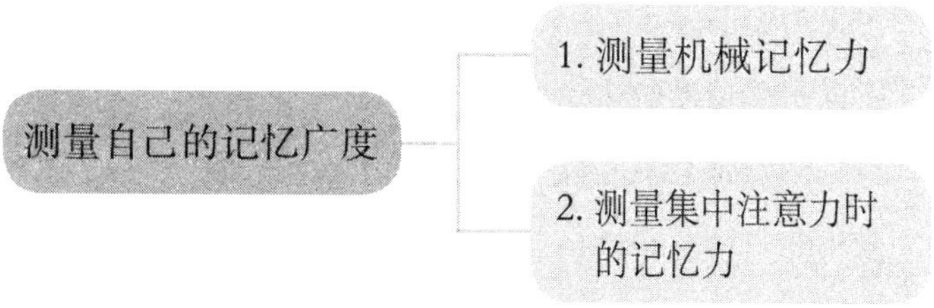

测量自己的记忆广度

1. 测量机械记忆力

2. 测量集中注意力时的记忆力

1. 测量机械记忆力

选出三组被打乱顺序的数字，每组 12 个，一共 36 个。在 1 分钟内读完这些数字，并把记住的数字写出来。

写出来的数字可以不按照原来的顺序，根据你记住数字的个数，评定你的机械记忆力程度。

下面是测量的数字：

73　49　64　83　41　27　62　29　38　93　74　97

57　29　32　47　94　86　14　67　75　28　79　24

36　45　73　29　87　28　43　62　75　59　93　67

能正确记住一行中的 12 个数字，记忆力为“超优”；记住 8 ～ 9 个数字，记忆力为“优等”；记住 4 ～ 7 个数字，记忆力为“一般”；少于 4 个，则评定为记忆力“较差”。

2. 测量集中注意力时的记忆力

给你 100 个打乱顺序的数字，你需要在最短的时间内找出 15 个连续的数字，如 3 ～ 17 或 51 ～ 65 等。记下你找出这些数字所花的时间，根据使用的时间，评定你集中注意力时的记忆力。

下面是测量的数字：

12　33　40　97　94　57　22　19　49　60

27　98　79　8　70　13　61　6　80　99

5　41　95　14　76　81　59　48　93　28

20　96　34　62　50　3　68　16　78　39

86　7　42　11　82　85　38　87　24　47

63　32　77　51　71　21　52　4　9　69

35　58　18　43　26　75　30　67　46　88

17　64　53　1　72　15　54　10　37　23

83　73　84　90　44　89　66　97　74　92

在这组测试中，用时 30 ～ 40 秒钟完成的为“优等”，40 ～ 90 秒钟完成的为“一般”，2 ～ 3 分钟完成的为“较差”。

一般来说，成年人的记忆广度是 8 个左右，中学生的记忆广度会更多。

如果测量后你发现自己的记忆水平一般或者较差，也不用感到担心。因为记忆广度不是一成不变的，它会随着年龄和记忆方法而变化。当你掌握了记忆方法，并且能够在实践中加以运用时，你的记忆水平也能得到改善。

另外，记忆测量会受主观和客观等因素的影响，测量得到的结果只能供你参考，不一定能代表你的真实记忆水平。

记忆材料的时候，根据记忆广度为“5 ～ 9”组块的规律，灵活采用记忆方法，编码加工记忆材料，你便能实现高效记忆。

记忆涉及的不仅是短时记忆，还涉及瞬时记忆以及长时记忆。所以，你不必对记忆广度结果看得过重。

六、每个人都有无限的记忆潜能

如果终其一生注定是个平凡人，你会怎么想?

面对这个问题，不同的人有不同的答案。许多人不喜欢平凡，觉得自己没有能拿得出手的本领，甚至会觉得自己的一生都将注定平庸，碌碌无为。

其实，世界上的天才很少，没有人生来就优秀，绝大部分是他们后天辛苦努力的结果。

加拿大心理学家汉斯·塞耶尔在《梦中的发现》一书中写道："人的大脑所包容智力的能量，犹如原子核的物理能量一样大。"这说明每个人的大脑中都有记忆潜力存在。

所以，只要相信自己，开发大脑蕴藏的能量，你便能创造不敢想象的奇迹。

上周末，尹波代表单位参加市里举办的化学知识竞赛，获得了特等奖。

办公室主任觉得尹波的能力不错，给他安排了一项任务，让他在下周一的会议上给同事们讲解垃圾分类的知识。

接到这个差事后，尹波第一时间找到主任，请主任换人。他对主任说："我不能胜任这份工作，我记忆力很差，到现在都记不住干湿垃圾的区别。"

"化学知识那么难记，你在竞赛中不是都获得了特等奖吗？你不能胜任，谁能胜任？"主任好奇地问他。

尹波尴尬地解释道："这只是一个意外，我……"

主任打断他的话："我不管，这事就交给你了。"尹波想着既然推脱不了，只能迎难而上。

尹波开始上网查询垃圾分类的知识，仔细研究了一番，然后将垃圾分类的知识点编成一段生动有趣的顺口溜。

会议当天，尹波结合 PPT 以及自己编成的顺口溜，给同事们讲解了垃圾分类的知识。散会后，同事们说尹波讲得非常棒，他们听一遍就牢牢记住了。

尹波这才发现，原来自己也是有记忆潜力的。

著名心理学家西格蒙德·弗洛伊德说过："人人身上都蕴藏着无限大的潜能，有意识地用在工作、学习上的能量不到总能量的 59%，还有 41% 的能量没有被开发出来，它被深深埋藏在我们体内。"

据统计，人类有 90% ～ 95% 的潜能没有得到很好的利用和开发。可以毫不夸张地说，一个正常人的大脑记忆容量大约有 6 亿本书的知识总量，相当于一台先进电脑存量的 120 万倍。

如果一个人挖掘出其中一小半潜能，就可以轻易学会 40 种语言，记忆整套百科全书，获得 12 个博士学位，他的阅读量可以达到世界上最大的图书馆（美国图书馆，1000 万册）的 50 倍。

苏娜辞职在家已有三个月。在不上班的这段日子，她百无聊赖。仿佛失去了生活激情，整个人懒散不堪。

闺密郑萌一直劝她找份工作："大姐，你都 28 岁了，不去上班，难道还想在家啃老吗？"

想到闺密的话，苏娜纠结了一周。在网上搜索最近的招聘信息，她终于找到一份咖啡厅服务员的工作。

苏娜投了简历，很快收到人事部经理的面试邀请。

为了能顺利通过面试，郑萌给苏娜出主意，让她提前记住一些咖啡知识。

苏娜听了立刻拒绝道："你饶了我吧，我最讨厌记东西了，那么多经典的咖啡品种，我能记住吗？"

郑萌毫不客气地直接揶她："你不是经常喝卡布奇诺、拿铁、布雷卫、玛奇朵吗？你选择 10 款经典咖啡，仔细背诵下来是很简单的事情。"

苏娜知道说不过郑萌，只好静下心来想着怎么去背那些咖啡知识。她灵机一动，把10款经典的咖啡名称编成一个凄美的爱情故事，轻松地背了下来。

面试那天，苏娜在人事部经理面前侃侃而谈，说出了10款经典咖啡的有关知识。经理听完，赞叹道：“想不到你对咖啡这么有研究，欢迎你明天到我们咖啡厅来上班。恭喜你，面试通过了！”

经过这件事，苏娜对自己的记忆力有了新的认识，至少发现自己的记忆力没有想象中的那么差。

每个人都能开发自己的大脑潜能，创造出各种奇迹，这并不是痴人说梦。

那么，要怎样才能开发我们的记忆潜能呢？

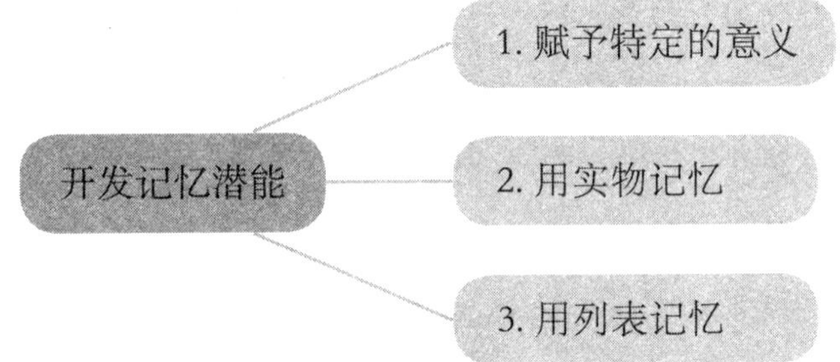

1. 赋予特定的意义

有意义的东西，我们记起来会很用心。也就是说，当记忆一件物品时，如果它本身没有意义，你很容易忘记。但如果它对你有着重要意义，你想忘也忘不掉。

例如，你想去超市买以下物品：苹果、面包、咖啡、饮料、鸡蛋、面粉、大蒜，如果只是单纯地记忆，你会记得不牢固。再仔细分析，你会发现这些物品的英文单词分别是：apple、bread、coffee、drink、egg、flour、garlic。

这些英文单词的首字母连起来是 abcdefg，结合英语字母歌来记忆这些商品，你会迅速记住它们。

2. 用实物记忆

许多时候，记忆的内容和现实中的具体实物有些相似。如果你懂得寻找实物和记忆内容的关系，往往会取得良好的记忆效果。

一年有 12 个月，每个月的天数不一样。一月大有 31 天，二月平有 28 天，如何才能把每个月的天数记清楚呢？

小时候，妈妈这样教我们：将左手握成拳头状，手指根部隆起的尖骨代表月份为大，骨窝代表月份为小。从第一根尖骨数到最后再重复数，根据它们的状态，你便能记住一年 12 个月的大小了。

3. 用列表记忆

大脑对于图表呈现的信息，印象会更深刻。所以，如果选用列表法来记忆，也会取得不错的效果。

列表法主要是把相关材料进行整理并对比分析，从而加强记忆材料之间的联系，达到高效记忆的目的。与其他记忆法不同的是，列表能让材料条理清晰，一目了然。

当材料之间的相似点太多，容易混淆时，你可以选择将材料分类列表，再集中记忆。列表有多种形式，主要有一览表、说明表、系统表、比较表、统计表等，选择符合自己习惯和喜好的表格形式即可。

通过上面的介绍，你会发现记忆材料有很多巧妙的方法。

其实，你觉得自己的记忆力不好，这只是一种错觉，是因为你只知道死记硬背、机械记忆，让大脑负担过重。

不管你的记忆水平如何，都不要排斥记忆方法。试着从学习记忆方法开始，挑战自己，开发大脑潜能，成为记忆达人。

人的一生，充满了未知和无限可能。相信自己，你就能成就自己！

/第二章/

细数神奇的记忆现象

你知道右脑记忆吗？许多记忆高手善于使用右脑记忆。

心理学家提出了许多关于记忆的结论，你知道有哪些吗？一个人只有掌握了记忆知识，记忆力才能提高。如果你连记忆知识都不知道，又何谈提高记忆力？

一、那个神秘的内隐记忆

良好的记忆，可以帮助人们更好地理解、储存知识，解决生活中遇到的种种问题。

提到记忆一则材料，你的脑海里可能会产生这样的观点：只有拿着材料反复背诵，它才能被记住。

那有没有一种记忆不需要我们有意识地去反复背诵？答案是：有，它的名字叫内隐记忆。

乔巍是一家公司的文员，进入公司以来，他一直努力工作。然而，四年过去了，他还是一名普通职员。

眼看与乔巍一起进入公司的小伙伴早已升职加薪，只有他还拿着4000多元的工资，干着普通职员的工作。

“难道我一辈子只能这样了？”好多夜深人静的夜晚，乔巍总是反复问自己。后来，乔巍想通了，他决定参加英语教师资格证考试。

当一名英语老师，是乔巍多年以来的梦想。令乔巍没想到的是，考教师资格证那天，有一门科目要求考生以“梦想”为话题写一篇作文。乔巍的作文题目是：“你可以一无所有，但你不能一无是处。”

走出考场，乔巍激动地给同事小贾打电话：“你知道吗？刚才考试写作文，我将我们办公室墙上的一句宣传语写到作文里了。以前没注意这句话，写作文时突然想到了它，真是太巧了！”

小贾听后，笑着回答：“你每天上班都能看见那句话，潜意识下写进作文也不稀奇。在心理学中，这种不需要有意记忆的现象叫内隐记忆。”

乔巍可能没想到，平时没有刻意花时间去记的宣传语，关键时刻竟然会从脑海里主动冒出来。这正是内隐记忆的魅力所在，下面就来分析一下这种记忆。

内隐记忆是近 20 年来一个新的研究领域。过去的理论认为，内隐记忆只是一种单一的记忆。现在的脑科学研究发现，内隐记忆可能有不同的种类，在不同的脑结构中可能涉及不同的内隐记忆任务。

内隐记忆的研究与遗忘症病人有关，因为长时间以来，人们认为遗忘症病人没有记忆。

1974 年，有人在对遗忘症病人的研究中发现，遗忘症病人虽然不能回忆刚学过的词，但利用一些特殊的测验（如词干补笔、速示辨认等），他们对某些词仍存有相关记忆。从此，心理学家发现了内隐记忆，并对它展开了相关研究。

中午休息的时候，同事们喜欢坐在一起聊天。

男同志最爱聊的往往与汽车有关，谁买的汽车是什么品牌，价格多少，这是90后最爱聊的话题。熊琛对此却毫不感兴趣，每次同事一开始聊天，他就会拿起一本书闷着头阅读。

有一次，大家正聊着单位里某个人的车被罚款的话题。熊琛突然放下手中的书，问道："是那个写着'你的酒馆对我打了烊，我在对面宾馆开了房'的宝马大叔吗？"

同事们听了熊琛的话，感到很吃惊："你不是不爱聊车的话题吗？怎么知道宝马车？"

熊琛的脸一下子变红了，解释道："主要是他车上写的标语太奇葩了，记住了那个标语，我就记住了宝马车是什么样子。再说，那辆车一直停在我们单位门口，看多了也能记住。"

"哈哈，你还是挺厉害的嘛。"同事们忍不住夸奖了他。

熊琛立刻摇晃着双手，反驳道："这主要是内隐记忆的功劳！其实，我并没有想记住宝马车是什么样子的。"

有同事问他："什么是内隐记忆？"于是，熊琛耐心给大家解释了内隐记忆的有关知识。

同事听后，恍然大悟："原来这就是内隐记忆。难怪我看表弟的衣服上印着'总有刁民想害朕'，没有刻意去记，看了一遍却记住了。"

熊琛打了一个响指，说："对，这就是内隐记忆。"

内隐记忆，是指个体在无意识的情况下，过去经验对当前作业产生的无意识影响，有时又叫自动的、无意识记忆。

与内隐记忆不同，外显记忆是指在意识的控制下，过去经验对当前作业产生的影响。它对行为的影响，是个体能够意识到的，是个体有意识地收集有关经验用于完成当前的任务，因此又叫受意识控制的影响。

内隐记忆与外显记忆有许多不同之处，它们的区别如下。

①保持时间方面。记忆一段同样的材料，在外显记忆研究中，心理学家发现，回忆量会随着学习和测验时间间隔的延长而逐渐减少。内隐记忆与此不同，它能够保持较长的时间。

②干扰因素方面。外显记忆很容易受到无关信息的干扰，内隐记忆则不容易受外在刺激的干扰。

③记忆负荷方面。外显记忆在项目增多后会导致记忆数量和准确性的下降，内隐记忆不受这种影响。

④加工深度方面。加工深度越深，外显记忆越好，内隐记忆则不受加工深度的影响。

⑤呈现方式方面。如果某个项目用听觉的形式呈现，再用视觉的形式施测，被试的内隐记忆成绩会下降，但外显记忆不会出现这种情况。

通过对比外显记忆，可以知道内隐记忆存在更多的优势。

在人一生的发展过程中，从幼儿至老年，内隐记忆不存在明显的年龄特点，我们完全可以利用内隐记忆来记忆大量知识。

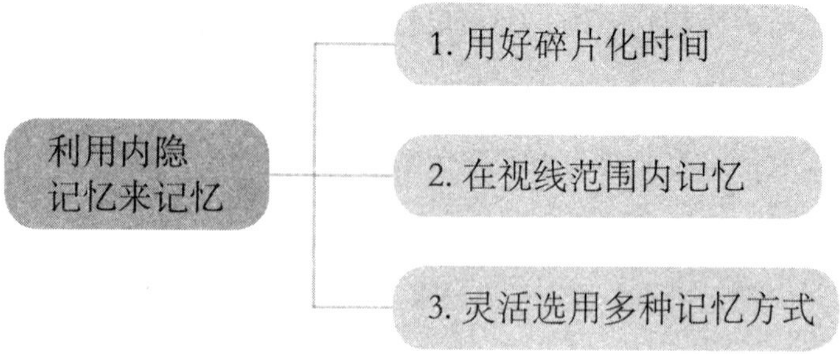

利用内隐记忆来记忆
- 1. 用好碎片化时间
- 2. 在视线范围内记忆
- 3. 灵活选用多种记忆方式

1. 用好碎片化时间

内隐记忆讲究的是无意识记忆，它不需要个体花大量时间有意识地记忆。

比如，想记英语单词，你可以利用内隐记法。在手机上下载 BBC、英语四六级等 app 软件，空闲时间多听听英语音频，就会发现自己的英语语感在不知不觉中得到了提升，也记住了不少单词。

2. 在视线范围内记忆

生活中有这样一种现象：经常看电视广告，或者看街边的广告标语，突然有一天，你竟然能将广告内容复述出来。

不用感到吃惊，这其实是内隐记忆的功劳。内隐记忆能够让我们在不知不觉中加深对知识的印象，甚至达到背诵的程度。

比如，你想要记住一件重要的事情、一些重要的知识，可以用小字条将它们写下来，贴在卧室的墙上。每天睡觉前看一遍，时间久了，你自然能记住它们。

3. 灵活选用多种记忆方式

有的人是听觉型的，喜欢用听的方式来记忆；有的人是视觉型的，喜欢用看的方式来记忆；有的人，则喜欢用听觉加视觉的方式来记忆。

阅读同一本历史书籍，有人喜欢“听”书（下载手机听书软件），有人喜欢“看”（手机视频），还有人喜欢两者结合起来。

不管是哪一种方式，只要能记住知识，我们都可以拿来使用。

内隐记忆由于不需要意识发挥作用，在教学、广告、语言、运动、社会认知、医学等领域具有重要的启发意义。

不要害怕你的记忆力差，只要懂得运用内隐记忆，进行有针对性的记忆，你的记忆力一定会迅速提高。

二、关于右脑记忆的故事

现实生活中，人们口中所说的天才，通常是指右脑发达的人。

随着右脑记忆的普及，越来越多的孩子被父母送去艺术学校学钢琴、舞蹈，以便开发孩子的右脑功能。

你可能会问，右脑记忆真的能被开发出来吗？

汤文今年11岁了，每次考试，他的成绩都排在班级末尾。汤文的父母听说孩子的记忆力不好可以通过练琴的方式来开发大脑，从而提高学习成绩，他们就给汤文报了各种培训班，来开发他的记忆力。于是，他每天放学后会去辅导班学钢琴。周末，他还会去艺术学校学古筝、舞蹈。

然而，活泼好动的汤文不喜欢待在房间里学钢琴，他更喜欢去郊外的植物园、动物园玩耍。但为了达到父母的期望，他只能被迫接受。

学了两年的钢琴，汤文没有通过钢琴等级考试，学习成绩也没有明显的进步。

经过慎重思考，父母取消了汤文的学琴计划，决定请家教辅导他学习，不再对通过学琴提高他的记忆力抱有任何希望。

科学家研究发现，右脑记忆力是左脑的 100 万倍，信息容量是左脑的 10 万倍。如果人的右脑功能开发得足够好，记忆潜能将会被最大限度地激发出来。

现实生活中，有的人是右脑更有优势，如著名的物理学家爱因斯坦，有的人则是左脑更有优势。

右脑更有优势的人，对音乐、色彩感知能力强；左脑更有优势的人，记忆数字的能力更强。

张琼喜欢古诗词，总爱拿着诗词书籍反复背诵，希望自己有一天也能写出优美的七言律诗。

张琼在大学里学的是旅游管理专业，从未接触过诗词方面的知识。听人说："熟读唐诗三百首，不会作诗也会吟。"大学四年期间，张琼一直将这句话记在心里，强迫自己背诵诗词。后来，汉语言文学专业的学姐告诉她，记诗词不需要用这样的笨方法。

学姐问她："你听说过右脑记忆吗？"

张琼点点头，说："听说过，是指传说中的照相记忆吗？"

学姐继续说道："对。许多诗词有故事背景、独特的意境，如果诗词里有画面，你可以根据右脑画面记忆功能巧妙记忆。"

"能举例说明一下吗？"张琼没有听明白，追问道。

“比如，《声律启蒙 上卷·五微》前面三句：来对往，密对稀，燕舞对莺飞。风清对月朗，露重对烟微。霜菊瘦，雨梅肥，客路对渔矶。根据句子意思，想象出其中的画面进行记忆，会事半功倍。”

学姐说完，张琼用笔在本子上画出对应的画，果然很快便背下了这篇文章。根据学姐介绍的方法，张琼认真地背诵古诗词，发现记忆效果有了质的提升。

人类的大脑在工作时，有两种形式：一种由表层意识（主观意识）控制，另一种由深层意识（潜意识）控制。其中，表层意识位于左脑，深层意识位于右脑。

表层记忆发生在表层大脑中，它保存的时间有限，会很快消失。深层记忆和右脑的记忆回路相连，保存时间长，不容易遗忘，是一种优质的记忆。

记材料时，人们通常使用外部的表层意识，不会使用深层意识。但出色的记忆力其实存在于我们的深层意识中，也就是右脑。

利用右脑记忆形象材料的效果，常常优于左脑记忆抽象材料的效果。遗憾的是，人们记忆时却没有很好地运用这一规律。

多年以来，无论是机械记忆还是理解记忆，人们大多喜欢用左脑记忆，让右脑一直处于“沉睡”状态，没有被合理地开发与利用。只有当记忆材料本身是形象的时候，右脑记忆才会被偶尔使用，以致许多人的右脑记忆并不发达。

研究资料表明，大脑在人 0 ～ 7 岁时以右脑活动为主。7 岁之后，以左脑活动为主。也就是说，0 ～ 7 岁是人的右脑最活跃的时候。

如果你错过了这个阶段，要想更好地开发右脑的记忆功能，可以尝试按照以下方法来做。

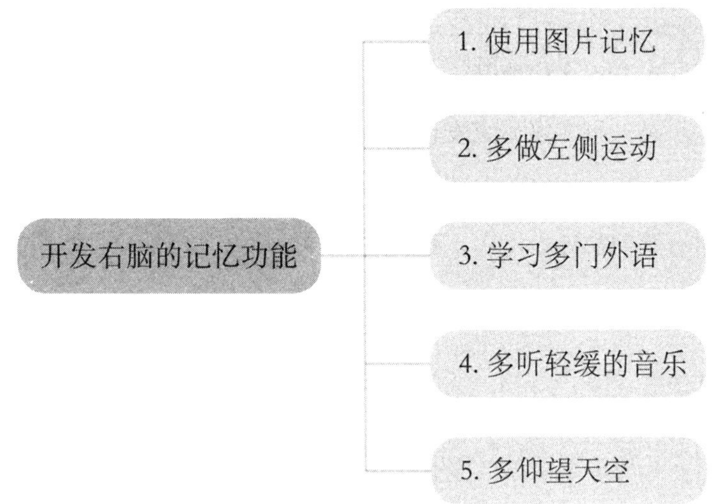

1. 使用图片记忆

右脑，又称“想象脑”。通过运用形象直观的图片来记忆，能充分发挥右脑的作用，取得意想不到的效果。

当我们记忆一组材料时，可以将材料想象成一幅图片，通过图片的方式把要记的东西记在脑海里，不仅记得快，也不容易忘。

2. 多做左侧运动

经常用左手的人，右脑功能通常会比较发达。要想开发右脑功能，在平时生活中可以多做一些左侧的运动。比如，尝试用左手洗脸、刷牙、拿筷子、关灯、开门；在体育活动中，试着用左手打乒乓球、打篮球或用左脚踢球。

3. 学习多门外语

神经科专家研究发现，当儿童学习一门外语的时候，只会使用大脑左半球的功能。如果同时学习多门外语，就会启用右脑的功能。所以，我们可以尝试学习多门外语，增强自己的右脑功能。

4. 多听轻缓的音乐

心理学家发现，音乐可以开发右脑。当一个人听音乐时，左脑不会受到影响，仍然可以继续当前的工作。

在工作和学习中，优美轻缓的音乐能让人心情愉悦，集中注意力，不仅能提高工作和学习效率，也能开发我们右脑的功能。

5. 多仰望天空

右脑研究专家表示，发挥想象是一种“右脑体操”。多仰望天空，不管是蓝天白云，还是明月繁星，都会存在不同的形状，有利于发展人的想象力，开发人的右脑。

日常活动时，左脑和右脑是同时进行的。强调开发右脑的记忆功能，并不代表要否定左脑的功能。

只有在用好左脑逻辑思维的同时，不断发展右脑的抽象思维，让左脑和右脑得到充分利用，我们的记忆力、注意力、观察力等综合能力才能得到全面发展。

三、别让错误记忆害了你

人的记忆会出错，这是公认的事实。

朋友跟你讨论，咱俩是昨天吃的火锅，还是前天吃的？你坚定地回答说是昨天，朋友看着你直摇头。你纠结了很久，心想：明明是最近才发生的事情，自己竟然想不起来，难道我真的记错了？

当朋友把发在朋友圈中吃火锅的动态截图发给你，你才一拍脑门，说道："原来是我记错了，我们是前天吃的！"

明明没有发生的记忆，你偏偏说成发生过的。这是一种虚构记忆，需要我们提防。

朱贤喜欢什么事都跟别人辩论，因为他太爱辩论了，为此，同事给他起了一个外号：“杠精”。

只要同事说一句话，朱贤一旦找到对方话里的漏洞，便要跟对方辩论不休。次数多了，同事觉得朱贤这人爱刷“存在感”，也不与他过多计较，只是一笑而过。

这天中午，同事们在吃饭时闲聊。卢昊说起了一个哲学问题，他是学哲学出身，说到哲学话题便滔滔不绝，无视周围人的存在。

卢昊正说得脸红心跳时，朱贤突然插话了：“昊哥，你确定‘暗恋是世界上最美的爱情’这句话是哲学家尼采说的吗？”

同事们听了朱贤的话，大声起哄道：“‘杠精’上线了，昊哥，你做好接招的准备吧！”卢昊不耐烦地撂了一句：“当然确定，我昨天才在书上看到这句话的。”

朱贤摇晃了一下手机，说道：“如果我告诉你记错了，你也不相信，对吗？”卢昊耸了耸肩膀，没有回答。

于是，朱贤打开手机百度，截图给同事们看，上面显示说这句话的人是哲学家苏格拉底。

面对确凿的证据，卢昊红着脸解释：“好吧，我认输，你赢了。可能是我记错了，误导了大家。”

朱贤得意地笑了：“我可不是‘杠精’，记忆本来就会出错，我们要正确面对自己的记忆力。”

的确，记忆很诡异。许多时候，我们记住的东西不一定是准确的，所以不能仗着自己的记忆力好，就认为自己记的东西绝对不会出错。

你记得 8 岁那年发生的对你最重要的一件事情吗？也许你记得那件事情的大致情节，但回忆起具体的细节时并不一定准确。

大量研究表明，每个人都会出现记忆出错的情况。比如，在法庭审理现场，许多犯罪嫌疑人在回忆犯罪细节时，同样会出现错误的记忆。

每个周末，毛彦都会带着朋友去吃不同的美食，不管是路边摊上的烧烤，还是小店里的特色火锅，他总能给大家带来惊喜。

朋友都夸赞毛彦：“你真是一个高级吃货，这么偏僻的地方都能找到。”毛彦很享受被朋友夸赞的感觉，得意地说：“以后你们想吃任何美食，找我就行。”

星期五下午，公司通知大家晚上准备聚餐。毛彦自告奋勇站了出来，说某某街道开了一家石锅鱼火锅店，味道特别棒，愿意带大家前往。

下班后，同事们开车到了毛彦所说的地方。结果让他们倍感意外，那里开的不是火锅店，是一家 KTV。

同事冯凯问毛彦：“你是不是记错地址了？好好想一想，

你说的火锅店到底在哪里？”毛彦站在原地，一脸迷茫地说：“不会吧？我明明两周前还来这家火锅店吃过的。”

毛彦想了半天，最后拿起手机拨打了火锅店的客服电话，才发现原来是自己记错了地址——他们现在所在的地址是C区，火锅店其实是在A区，离他们还有几条街道的距离。

冯凯马上揶了毛彦一句：“亏你还是吃货，竟然还能把地方记错。”

毛彦听了，赶紧为自己辩解：“每个人的记忆都会出错，我当然也不例外，这没什么大惊小怪的。”

错误记忆，又称记忆错觉，是一种心理现象。它是指个体在记忆中错误地把未曾发生过的事件当作发生过，或者对事件的记忆与事件本身产生明显差异的现象。

这种差异主要体现在两个方面：一是人们对发生过的事情出现记忆偏差；二是人们认为没有发生过的事情已经发生而导致记忆错觉。它包括错构和虚构两种表现形式。

当你在回忆某段生活经历时，有些细节明明没有发生，或者发生的与真实情况不一样，你却坚信自己的记忆是对的，这就是错误记忆的表现。

最新研究发现，我们对一个话题越感兴趣，越有可能形成错误记忆。20世纪中期以前，学术界绝大多数研究的焦点集中在正确记忆方面，仅把错误记忆当作方法学来矫正。

随着研究的加深，记忆错觉的面纱才被专家揭开。记忆错觉，是一种使人产生乐观主义、充满激情幻想的美好感觉，能向人展示世界有多复杂和神秘，所以并不足惧。

我们不禁要问，记忆错觉到底是怎么回事，为什么人们会出现记忆错觉呢?

有人提出这样的观点：错误记忆与错误的归因有关，是长时记忆具有重构性质所致。也有人认为，错误记忆与大脑提取信息的方式有关。

心理学界一致认为，之所以发生错误记忆，是因为当人们体验了一系列有密切联系的信息之后，易于将一些自己想象过但实际上并未呈现过的“相关”信息判断为发生过的。

一个人产生错误记忆，有以下原因。

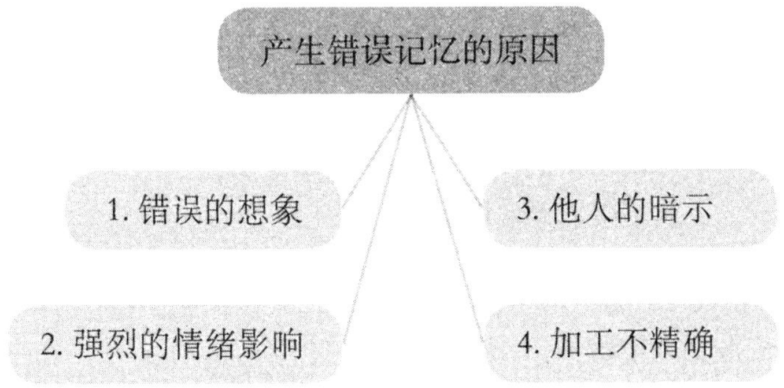

1. 错误的想象

有些事情没有发生，你却说它发生了，这与错误的想象有很大关系。你的想象越详细，越有画面感，你对相关事件的记忆就会越坚信不疑。

领导让你给出差的同事打电话，询问一下要办的事情怎样了。你回到座位拿起电话正准备拨号时，另一个同事叫你去处理其他事情，你离开了办公室。

过后，领导问你是否给同事打了电话，你回想了刚才的过程，记得自己拨打了电话，可同事并没有接到。这是因为你有了错误的想象，产生了错误记忆。

2. 强烈的情绪影响

人在受到强烈的情绪影响后，记忆内容会出现偏差。这时你会对事情的某些细节记得异常深刻，对另一些细节记得较为模糊。

回忆事情经过时，你会对那些记忆模糊的细节部分进行人为编造，出现不真实的记忆。例如，你记得自己高考前一天晚上很紧张，要回忆当天具体做了什么事情时，就会记得不真实，出现张冠李戴的情况。

3. 他人的暗示

人在接受催眠时，那些容易接受暗示的人更容易被催眠师催眠。研究发现，他人的暗示对记忆也有不小的影响，会出现编造记忆的情况。

公安人员审讯犯人时，往往对犯罪嫌疑人采取一定的暗示，将会对他的记忆产生影响。例如，面对审讯人员提出的问题："你再想想，他是不是个子很高、年龄40多岁的样子？"犯罪嫌疑人往往会给出不真实的回答。

4. 加工不精确

进入大脑的信息，加工得越充分、越精确，提取时就会越准确。错误记忆与加工不精确有很大关系。

如果在记忆一件事情时，没有记好具体的时间、地点、人物等信息，你记得将不牢靠。当你再次回忆这些信息时，某些细节上就会出现错误。

人的大脑每天要处理许多信息，出现错误记忆在所难免。不过，我们要明白，错误记忆是指记忆出现了错误，而非指所有记忆都是错误的，或者必然会出错。

要想克服错误记忆，有两个方法：一是不要过分相信自己的记忆，回忆的时候多关注事件本身；二是核对记忆时要多方求证，避免得出错误的结论。

四、假如有过目不忘的记忆

医学上有个奇怪的现象——超忆症，只不过超忆症人群的病因暂时还没有科学定论。

研究发现，超忆症属于无选择性记忆，具有超忆症的人没有遗忘的能力，他们能把自己从小到大亲身经历的所有事情都记得非常清楚，过了多年也不会遗忘。

听到世上有超忆症之人，你会不会特别羡慕他们，幻想自己也能拥有他们那样的记忆水平。

上学期，陈馨把历史这门课“挂了”，下周末，她将参加学校举办的补考。

最近只要一放学，陈馨就会跑去图书馆，认真看、背历史知识。结果让陈馨很郁闷，她发现自己总是背了忘、忘了背。连续背了三天，她只背了书上30%的内容。

偶然的一天，陈馨从新闻上看到了超忆症的报道。得知患有超忆症的人有过目不忘的记忆后，她无比吃惊。她翻看了很多资料，发现历史书中曾有记载，东汉时期的天文学家张衡、王允据说都能过目不忘。

陈馨找到闺密，兴奋地对她说："你知道吗？历史上真的有人有过目不忘的能力，要是我也有就好了，不用再继续背诵那枯燥的历史了。"

没想到闺密瞬间打醒了她："你别做梦了。超忆症是一种病，而且他们学习方面的记忆能力并不高。你还是老老实实背诵课本吧，不要异想天开了。"

于是，陈馨翻开手机查询超忆症的知识，才知道闺密说的是事实，只好放弃幻想，拿起书本认真背诵起来。

记忆力好的人，记东西很快，这是公认的事实。

较好的记忆力，能帮我们理解知识，增强各方面的能力，所以我们都希望自己的记忆力超群，能够一目十行、过目不忘。

过目不忘，真的存在吗？

其实，人们常说的过目不忘，指的是短时记忆，属于神经记忆的一种。神经记忆是人在后天的环境和学习中慢慢培养形成的，也就是说，一定程度的过目不忘是存在的。

段奕的记忆力惊人，被同事称为最强大脑——同样是记一份材料，别人要花三分钟，段奕只须一分钟。

有一次，经理发给所有同事一份1000字左右的材料，说谁记得好，谁就代表公司参加明天的一场知识竞赛。

段奕将材料打印出来，一边浏览，一边用不同颜色的笔在上面做特殊标记。然后，她只用了五分钟的阅读时间，便顺利背诵出了材料的全部内容。

看到段奕第一个背诵出来，所用时间又那么短，同事们都惊呆了。要知道，他们努力背诵，也只能背诵材料的一小部分内容。

有同事问她：“在这么短的时间内，你是怎么记忆的？效率怎么如此之高？”

段奕笑了笑，回答说：“很简单。这份材料是我们公司的一款产品介绍，主要根据产品性能、产品质量等方面展开。我将每一部分的内容归纳概括，提取出关键词再对细节部分稍加整理，短时间背诵下来并不难。”

“你这样的记忆水平，已经快接近过目不忘了，我真佩服你。”同事听完，对她竖起大拇指。

段奕赶紧解释：“我不可能做到过目不忘，那是小说里的情节。不过，所有的记忆力高手都会使用记忆方法。如果你们懂得记忆方法，也能做到快速记忆。”

据统计，全世界已知患有超忆症的大约有 80 人。2000 年，43 岁的学校管理员普莱斯是第一例被发现患有超忆症的人，她能记得自己 10 ～ 30 岁关于自己、家人、朋友的所有事情。

具有超忆症的人，他们的大脑拥有自动记忆系统。由于大脑长时间处于不停检索的状态，对他们来说，这样超强的记忆并不是一件值得庆幸的事。比如，他们无法忘记生命中那些痛苦难过的经历，常常会被不愉快的经历所折磨。

最让人不可思议的是，患有超忆症的人的记忆力并不能用来学习。他们在实验室的常规记忆力测试或使用记忆卡片强记时，分数并不高。也就是说，患有超忆症的人在学习方面的记忆能力并不强，他们只是在记忆具体的事件方面有着超强的能力。

不过，当你记忆一些简单的材料时，只要运用的记忆方法得当，想实现过目不忘也不是不可能。有许多记忆方法可以帮助我们。

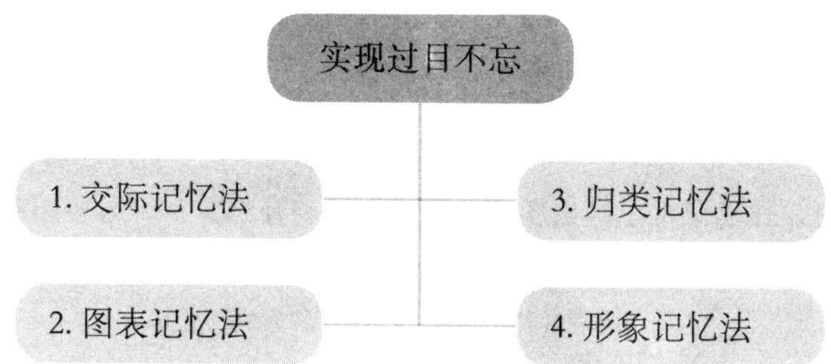

1. 交际记忆法

人际交往往往是信息交换的场所，所以人际交往中的记忆法叫交际记忆法，它包括交谈记忆法、争辩记忆法、以教促学记忆法。

多与别人沟通交流，你会收获许多益处。如果对某些知识记得不准，可以与对方深入探讨学习。通过对方的话语，你能弥补自己知识的不足之处。

当你愿意敞开心扉，将知识分享给别人时，你会发现在分享的过程中自己的记忆力也得到了一定程度的加强。

2. 图表记忆法

上学时，老师常常会根据所讲课程的重难点，在黑板上给我们列出相关的图表。相对于文字信息，人的大脑对形象生动的图表会格外敏感。

使用图表进行记忆时，它能将复杂的知识简单化、条理化、直观化、视觉化，让枯燥的记忆材料变得更加清晰、易懂。

你想要记忆一段文字，可以先根据文字内容的内在逻辑，在笔记本上画出图表，再根据图表补充文字。只要图表清晰，文字简洁，你记忆起来就会事半功倍。

3. 归类记忆法

根据信息的关联程度进行归纳整理，形成系统再记忆，就是归类记忆。运用这种记忆方法，最重要的是要发现它们之间的共同规律。

例如，按性质、大小、颜色、用途、重量、地点、时间等维度进行归类，只要归类后方便记忆的，都可以采用。

记忆词语苹果、香蕉、洗衣机、冰箱、桃子、电风扇、葡萄时，很明显，可以将它们分成水果类、家用电器类之后再记忆。

4. 形象记忆法

心理学家研究发现，生动形象的材料比枯燥抽象的材料更容易被人们记住。

形象记忆法，是借助鲜明的形象进行丰富的想象和联想，增强记忆效果。

记忆时，你要学会将材料组织得直观、鲜明、稳定，具有整体感和概括性，能留下深刻的印象，从而帮助你快速记住。

谁都想拥有过目不忘的记忆，实践起来却难上加难。你不用感到灰心，当面对一些特殊的材料时，你完全可以使用记忆方法来高效记忆，才能做到过目不忘。

五、遗忘曲线给我们的启示

每个人都希望自己拥有过目不忘的记忆力。然而，现实生活中，拥有这样神奇记忆力的人却少之又少。

究其原因，是人类的大脑存在着遗忘规律。有的人之所以记忆力好，是因为他懂得合理运用遗忘规律调整自己的状态去反复记忆。

汪强是公司的老员工。让大家感到吃惊的是，今年已经46岁的他，记忆力却很好。

每次部门经理在会上讲完重要内容，然后请人起来复述一遍时，汪强总能把经理所讲的内容准确地复述出来。

不仅如此，汪强还能记住单位里100多人的电话号码，甚至连给办公室送桶装水师傅、修打印机师傅的电话号码，他也能准确记住。

汪强说："要想拥有好的记忆力，是需要下功夫的。"

每次记完需要记住的东西后，汪强会提醒自己按时复习，让自己的遗忘率达到最低值，不至于记了就忘。

汪强最让人钦佩的地方是，领导在开会的时候，汪强认真听的同时，将领导的讲话内容按重要程度简要地概括出来，并编写成容易记忆的顺口溜。

办公室不忙的时候，汪强也会在笔记本上将通信录联系人的电话号码编成顺口溜，空闲的时候拿来反复背诵。

汪强解释说："我的记忆力不好，这样做是为了方便记忆，加强自己的记忆效果。"

记东西不难，难的是如何把记住的东西刻在脑海里保存下来，不至于记了就忘。

事实证明，记东西需要复习。只要你记完后能经常复习，加强记忆效果，过了多久也不容易遗忘。

德国著名心理学家赫尔曼·艾宾浩斯通过对记忆的研究，归纳出了记忆遗忘曲线的规律，也就是著名的艾宾浩斯遗忘曲线理论。

艾宾浩斯遗忘曲线理论是指，遗忘在学习后立即产生，遗忘的过程最初很快，之后逐渐变慢。

举例来说，当你学习了一项新事物，如果不及时复习，20 分钟后你便会忘掉 30% 的内容，15 天后会遗忘掉剩余内容的 50%，31 天后会遗忘掉剩余内容的 78.9%。

陈宏今年 36 岁，在一家文化公司任职。上个月，他和同事老姚一起报了初级会计师的培训班，想考取会计师资格证。

每个周末，他们会准时去听课。后来，老姚通过了资格证考试，陈宏却失败了。陈宏感到很不解："我们明明一起去听的课，为什么我就没有通过考试呢？”

老姚告诉了陈宏答案：“你是周末都去听课了，是不是回家没有及时复习？要知道，我们年纪大了，记忆力不如年轻人，记住的知识很容易遗忘，因此，我们必须学会及时复习。每次听完老师的课，我当晚睡觉前会复习一遍，第二天起床再继续复习。正是因为我努力复习这些知识，所以才通过了考试。”

听了老姚的解释，陈宏释然了。是的，他从来没有复习过，只是培训的时候简单地听一下老师讲的课。他这样的学习态度，能成功通过考试才奇怪呢！

刚记住的东西，如果不及时复习，时间久了就会遗忘。只有学会及时复习，加强记忆，你的遗忘情况才会降到最低，才能记住想要记住的东西。

虽然遗忘会影响我们记忆，但它并不是不能解决的麻烦。我们可以通过以下方法来对抗遗忘，增强记忆。

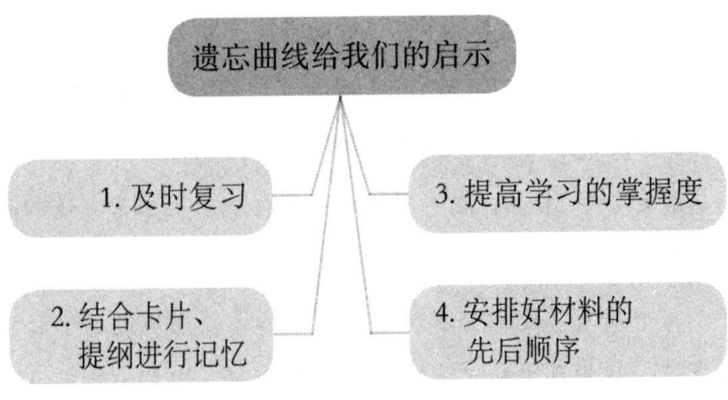

1. 及时复习

即使是记一件你认为很简单的内容，你都得及时复习。

如果你是一名学生，刚学会了简单的数学公式，回到家后可以当晚或者第二天早上复习，加强对它的印象。

如果你是公司职员，经理让你背熟一份材料里的数据，好应对下周要开的经销商会议。哪怕你已经背诵得滚瓜烂熟，也得抽时间复习几遍，让自己记得更加牢固。

2. 结合卡片、提纲进行记忆

我们有时候需要记忆的内容比较多，当这些内容不容易被理解时，常常会感到无从下手。这时候，可以采取卡片记录的方式，先记下最重要的知识点，或者编好内容提纲后再记忆。

即使你已经能够完整记忆，也不要放松警惕，还得提防那些复杂零乱的知识会在你的疏忽大意下离你远去——等你再次想从大脑里提取时，它们可能已“不知所终”。

为了避免出现这样的情况，你需要提醒自己在空闲的时候反复翻看卡片或者回忆自己编好的提纲，对相关知识进行重复记忆，做到查漏补缺、万无一失。

3. 提高学习的掌握度

遗忘与学习的掌握度有很大关系。如果我们学习一份材料时没有达到无误背诵的程度，在心理学上被称为低度学习。相反，已经达到准确背诵的程度，仍然继续学习了一段时间，则称为过度学习。

材料经过过度学习后会深深刻印在我们的脑子里，不容易被遗忘。因此，要想获得良好的记忆力，我们在记东西时需要采取过度学习的方式。也就是说，即使你认为自己已经能背诵了，也别忘了再坚持学习一段时间。

4. 安排好材料的先后顺序

人们在回忆一则材料内容时，有这样的规律：首先被回忆起来的是最后进入大脑的知识，其次是最先进入大脑的知识，最后才是中间时间段进入大脑的部分。

换句话说，材料所处的位置对记忆也有很大的影响。开头和结尾部分遗忘得少，中间部分遗忘得多，这说明，安排好记忆的先后顺序可以增强人的记忆效果。

举例来说，如果你是一名公司的老板，在给员工布置任务的时候，可以把比较重要的部分安排在会议的开头，最重要的部分安排在开会快结束的时候，其他不重要的部分安排在中间来讲。

按照“比较重要—不重要—最重要”的顺序组织会议材料，员工就能更深刻地记住会议内容，不至于会议结束后，他们脑子里一无所获，不知道你讲了些什么。

生活中，做一个有心人，随时保持留心观察、细心总结的好习惯，相信你也能有一些增强记忆力的心得，为增强自己的记忆力提供更多切实可行的方法。

一切皆有可能，只要你肯行动起来。

六、做梦都想要的高效记忆

任何一个正常人都想拥有高效记忆。

对学生来说，他们很希望能拥有高效率的记忆，将书本知识全部记在脑海里，考试时就能取得高分。

对公司的员工而言，他们希望能掌握各项技能，在职场中如鱼得水、升职加薪，被同事和领导赏识。

世界上真的有高效记忆吗？当然有！

春节放假期间，吃过晚饭，张彤和爸妈玩起了“斗地主”的扑克游戏。一个小时后，张彤将爸妈的钱全部赢到自己手里。

看着张彤在茶几上一张一张地数钱，爸爸故作生气地质问她："每次都是你赢钱，你是不是作弊了？"

张彤瞪大双眼，不屑地说："怎么会？我打牌技术好，主要是会算牌，赢你们的钱就轻而易举！"

"你是如何算牌的？"爸爸听了，有些不相信。

"我记住自己手里的牌，再根据你们打出的牌，利用这些线索，可以推算出你们手里还剩有哪些牌。这很简单的，你们也可以做到！"张彤得意地回答。

爸爸很吃惊地说："一副扑克牌有 54 张，你能算准真厉害，什么时候学会的？"

"我记忆力好呗！尤其是记数字，如 991314520 这一串数字，我想象成'久久，一生一世我爱你'，这样很快便记住了。"

爸爸听完，思考了几分钟，说道："斗地主也算一种赌博，过节跟家人娱乐一下没问题，你可别整天去跟同事们赌钱。"

"知道了，我平时不怎么玩扑克游戏的。"张彤一边数着手里的钱，一边笑着回答爸爸。

课堂上，老师刚讲的知识，你听一遍就能记住，即使课后不复习也能牢牢记住，这就是高效记忆。

高效记忆，主要是指记得又快又持久，这要求我们在记忆的时候必须对材料内容形成深刻的认识。

如果你想拥有高效记忆，却又不愿意加工材料，高效记忆将永远是不可能的梦想。

王珀是一名临床医学专业的学生。实习过后，参加工作期间，老师一直鼓励他抓紧复习，尽快考取职业医师资格证，早日拿到证书。

读了五年的大学，王珀告诉自己，一定要努力复习，争取一次通过考试，将职业医师资格证拿到手。

尤俊和王珀是同班同学，得知王珀要参加职业医师资格证考试，于是他和王珀约好，周末一起去图书馆复习。

最后，尤俊通过了考试，拿到了职业医师资格证。王珀则不幸落榜，只能再参加明年的考试。

后来，王珀问尤俊："考试需要背诵大量的知识，你是怎么记忆的？我总是记了又忘，效果一直不好。"

尤俊将自己的笔记递给王珀，只见上面写满各种口诀，画满思维导图。王珀突然明白了："我是在死记硬背，你是在用记忆方法巧妙记忆呀。"

"当然要用记忆方法了，要不然你怎能高效记忆呢？"

王珀听完点点头，决定以后复习时要改变自己的记忆方法，争取高分通过拿到职业医师资格证。

有关资料表明，96%的成功者有超凡的记忆力。对此，我们必须明白记忆的三大要素：重要性、重复性、深刻性。

但凡让我们有所触动、认为有着重要意义的事情，我们的记忆会保持得格外长久；总是重复出现在我们视野的事物，也容易引起我们的注意，加深对它的记忆。

观看了一部精彩的电影，一年之后，你还能将电影内容复述出来给别人听，是因为这部电影给你留下了深刻的印象，以致一年后你也没有忘记，仍然对它保有记忆。

你每天观看《新闻联播》，即使看的时候没有刻意背诵节目信息，时间久了，也能流利地背诵节目的开头语。

其实，高效记忆并不难掌握。要想拥有高效记忆，可以从重要性、重复性、深刻性三方面来着手。

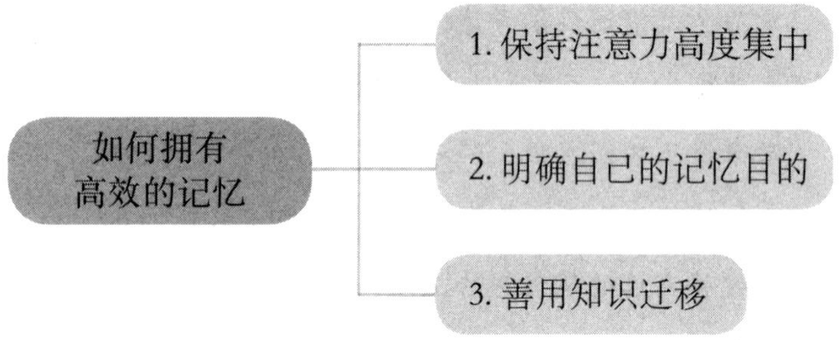

1. 保持注意力高度集中

上课走神，注意力不集中，老师讲了什么，我们一无所知……这告诉我们，记忆时离不开高度集中的注意力。

对事物的注意力越集中，我们才越有可能记住它。因为注意力集中是高效记忆的必要条件，是一切记忆的开端。

从心理学角度来分析，一个人在学习时如果注意力高度集中，大脑细胞将会产生强烈的兴奋感，对所要记忆的事物才会产生深刻的印象。

2. 明确自己的记忆目的

假期到了，你要外出旅行，如果连目的地都不知道在哪儿，你的旅行将会无比困难。对于记忆来说，目的明确同样重要——想要记住什么内容，记住它干什么用，这就是记忆的目的。

心理学家研究表明，在有明确记忆目的的情况下，记忆效果明显优于没有记忆目的的记忆。

3. 善用知识迁移

心理学的迁移理论告诉我们，掌握了某种知识或技能，会对另一种知识或技能的学习产生一定的影响。比如，当你学习了英语，再去学习法语会更加容易，这就是知识迁移的作用。

记忆材料的时候，越是懂得利用知识间的迁移，搭建记忆的桥梁，越容易快速记忆。

迁移能力和知识的掌握程度有关，要想拥有迁移能力，需要广泛摄取各类知识，加强对不同层面知识的积累。这样在记忆材料时，才能灵活运用知识间的关系，为快速记忆做好准备。

生活中，许多人能够高效记忆，他们使用了哪些神奇的记忆术呢？对于这个问题，目前还没有统一的说法。

可以肯定的是，要想拥有高效记忆，必须做到以下几点：掌握记忆原理；具体分析材料；运用适合自己的记忆方法。如此，才能持久保持记忆效果。

所有的记忆方法都遵循了记忆的客观规律，加上一定的记忆技巧，定能帮助我们高效记忆。不遵循记忆规律，运用再多的记忆方法也只是徒劳。

/第三章/
记忆知识释疑

记忆力为什么会那么神奇？怎样才能增强我们的记忆力？关于记忆的疑问，也许你随口就能说出一大堆。

要想提高记忆力，首先需要对记忆知识有所了解。对记忆知识的释疑，将会告诉你答案，解开你心中的困惑。

一、巧妙摆脱记了就忘的死循环

如果世上有一种糖，你吃了之后将产生一种魔力，可以把已经记住的东西再次深深刻在脑海里，永远不会遗忘，你会买这种糖来吃吗?

你一定不假思索地回答："那还犹豫什么，买，我立刻买！"

不知道你有没有遇到过这样的烦恼：明明上一秒记住了的事情，下一秒就忘了。无论你怎么想也没有结果，直到身边的人提醒你，你才重新记起来。

陆晨在单位有个绰号叫"马大哈"。别看她外表清婉秀气，给人做事心细如丝、踏实靠谱的印象，实际上，了解她的人并不这么认为。

每次单位遇到重要的事情，主任都再三嘱咐陆晨要仔细处理，不可掉以轻心，犯不该犯的错误。

但陆晨仍会在关键时刻"掉链子"，给单位制造麻烦。她总是给自己辩解："不好意思，我忘了！"

某天下午，单位要举办一场重要会议。早上开会的时候，主任提醒陆晨，要记得通知到开会的所有部门领导，并负责安排好会议布置等相关事宜。

陆晨信心满满地回答：“主任放心，这次我一定保证完成任务，绝不给您丢脸。”

13：30分，陆晨在办公室刷抖音短视频。同事问她：“还有半个小时就开会了，主任交代你的事情忙完了吗？”

“什么事情，我能有什么事情？”陆晨疑惑地看着同事。

“主任不是让你通知所有领导，还要布置会场吗？”

听完同事的话，陆晨这才恍然大悟：“对了，是有这么一回事。你不说，我都忘了。”

陆晨放下手机，拿起桌上的座机打电话。刚拨完一串号码，她想起还有许多事需要处理：打座位牌、清理会议室的卫生、设置会议主题等。只有30分钟的时间了，她一个人不可能忙得过来。

她只好求助同事：“好姐姐，你帮我布置会议室吧，我得先打电话通知领导。下班后我请你吃饭，拜托你了！”

同事摇摇头，一脸无奈地去了会议室。在同事的帮忙下，她终于完成了主任交代的工作。

工作中，我们常常遇到这样的情况。你以为领导吩咐的事情很简单，不用拿本子记下来。等到真正要做的时候，你会发现脑子一片空白，什么也想不起来——仿佛不是你记错了，而是领导压根儿没有交代过什么。

同事提醒你，你还纳闷地问："有吗？我怎么不记得了？"想了许久，你拍拍脑门，回答说："对，我记起来了，是有这么一回事。"

事后，你会在内心产生自我怀疑："我的大脑怎么了？明明发生过的事情，我竟然忘记了。"

不用特别担心，任何人都有记不住或忘记事情的时候。尤其是当你记的东西比较陌生、对它不感兴趣时，就会更容易出现遗忘的情况。

坐在客厅的李大姐拿着药瓶，一脸忧伤。半小时以前，她为了找到这瓶药，把厨房、客厅、卧室、卫生间的每个角落都找了一遍，仍然没有找到。

最后，李大姐只好选择放弃，打开电视，看起了电视节目《等着我》。不经意一回头，她发现药瓶竟然在茶几上躺着——没错，是客厅的茶几。在此之前，她在客厅找了无数遍也没有看到。

她只记得早上出去买药，回到家后把它放在了某个地方，具体放在哪里却忘记了。这时，她自言自语道："我老年痴呆了吗？可我今年才51岁呢！"

儿子听到李大姐的话，从卧室走出来对她说："妈妈，我觉得你应该去看看医生。你这几天总忘事，记不住东西，已经发生很多次了。"

"一边儿去，瞎说什么。妈妈只是最近因工作需要熬了几天夜没有休息好，记忆力下降了而已。休息几天就好了，没必要看医生。”

每个人都希望自己记住的东西能够永远存储在大脑里，要用的时候可以随意提取。然而，记忆很调皮，你不主动理它，它也不会主动理你。

随着时间的推移，出现遗忘是很正常的现象。心理学家研究发现，根据能否再认和回忆，遗忘分为不完全遗忘、完全遗忘、临时性遗忘、永久性遗忘四种情况。

举例来说，你记不起前几天发生的事情，经过朋友的提醒终于想了起来，这是临时性遗忘的表现。

遗忘并不是只有坏处，它也有好处。遗忘掉那些令你感到痛苦的事情，可以让你保持愉快的心情，更好地活在当下。

有些人总是记不住一些事情，于是怪自己记忆力不好。之所以出现这样的情况，一方面，是你没有掌握好的记忆方法；另一方面，是你记忆的内容没有很好地保持。

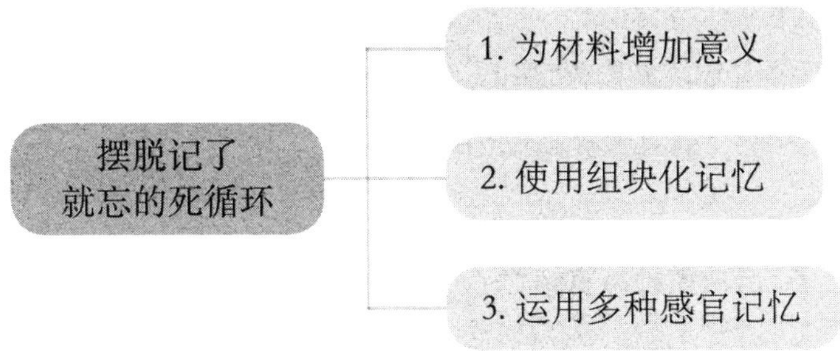

如果想把要记住的内容刻在脑海里，不至于记了就忘，

你需要掌握一些有效的方法。

1. 为材料增加意义

许多人记忆一段内容时，往往不管三七二十一就开始胡乱背诵，企图达到快速记忆的效果。

殊不知，这属于机械记忆。材料内容是什么意义，与你的生活有没有实际关联，对此你都不清楚，更谈不上深刻记忆了。即使一时记住了，过后也很容易遗忘。

如果你采用意义记忆法，把记忆的内容与实际生活联系起来，让它对你产生某种意义，再使用一些技巧加强记忆，你不仅能记得迅速，还不容易忘记。

2. 使用组块化记忆

记忆时，你可以将材料编码成组块的形式，也就是把材料拆分成若干部分，组合成数量更少、体积更大的组块。

比如，当你阅读一本书时，可以将这本书按照主题、章节等来细分，再按关键句、中心思想等来记忆。采用这样的记忆方法，能有效提高记忆效果。

3. 运用多种感官记忆

编码分为视觉编码、听觉编码、语义编码、语言中介编码等。编码编得好，记忆的储存效果自然会好。

在记忆过程中，参与记忆的感官越多，记忆效果也会越好。国外科学家研究发现，人吸收的知识中，视觉占 83%，听觉占 11%，嗅觉占 3.5%，触觉占 1.5%，味觉占 1%。

记忆东西的时候，完全不用局限于某一种感官，你可以试着运用多种感官来记忆。比如，背诵《中华人民共和国会计法》，你可以先观看老师录制的视频，听语音讲解，之后自己阅读这样有策略地使用各种方法来记忆，让背诵变得轻而易举。

不过，如果不及时复习，尽管你记住了内容，也会产生遗忘现象。

别着急，只要你定期加以巩固，科学运用高效记忆方法，再复杂难记的内容也能迅速记住，降低记不住、记了又忘情况出现的概率。

二、揭开记忆术的神秘面纱

给你一分钟，你能记住一副被打乱顺序的扑克牌吗？你可能会说，就算不打乱顺序，自己一个小时也不一定能记住。

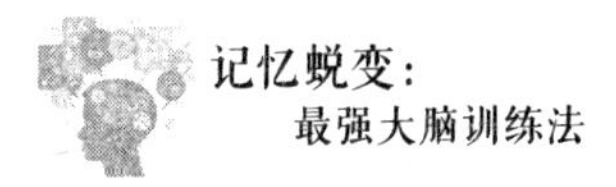

你做不到的，不代表别人也做不到。记住被打乱顺序的扑克牌，对记忆高手而言就是一件很简单的事情。

在记忆大师比赛现场，中国参赛选手张杰、王茂华创造过这样的记录：40 秒钟记住一副洗匀的扑克牌；两分钟速记 108 个毫无规律的数字；9 小时记牢四级英语单词；4 天内将《道德经》倒背如流。

他们创下这样的记录让人惊叹，这是参赛前他们经过长时间特殊记忆训练的结果。

现在的记忆培训市场异常火爆，一些节目或活动中，许多记忆大师说他们有神奇的记忆训练方法，只要家长把孩子送去培训，就能掌握高超的记忆术。

记忆术，其实是一种帮助记忆的方法。世界上到底有没有记忆术？如果有，它对我们的学习、工作能起到多大作用？对于这个问题，一直存在争议。

许多人进入了这样的误区，认为记忆力好就一定能记住考试内容，取得高分。事实上，记忆力好并不等同于学习成绩好。

首先，学习成绩是考查学生在观察、创造、记忆、计算方面的综合能力，记忆力只是其中的一方面。其次，一个人学习了记忆法，并不代表他会拥有过目不忘的本领。记忆力再好，记得再多，都会随着时间的推移而遗忘掉大部分。

许多家长抱着提高孩子的记忆力，从而提高学习成绩的希望，不惜斥巨资送孩子学习记忆术，这真的有必要吗?

让我们抽丝剥茧，揭开记忆术的神秘面纱。

记忆术到现在已有2000多年的历史，包括串联和定桩两种。希腊诗人西摩尼得斯是记忆术的鼻祖，他悟到的记忆精髓是：安排有序，乃是牢固记忆的前提。

记忆是一个抽象的过程。记忆术是一种可以学习的技能，其目的不是让记忆变得更高效。记忆术的神奇之处在于，能快速记忆大量无规则、无逻辑的信息，将其储存到大脑里，并且能够随时提取。

记忆高手展示的神奇记忆能力并不神秘，普通人只要掌握了具体的方法，通过长时间的勤加练习也能做到。

记忆术的关键词是：编码（信息加工）、定位（存储结构）、联想（检索运用）。用记忆术记忆时，主要包括以下过程。

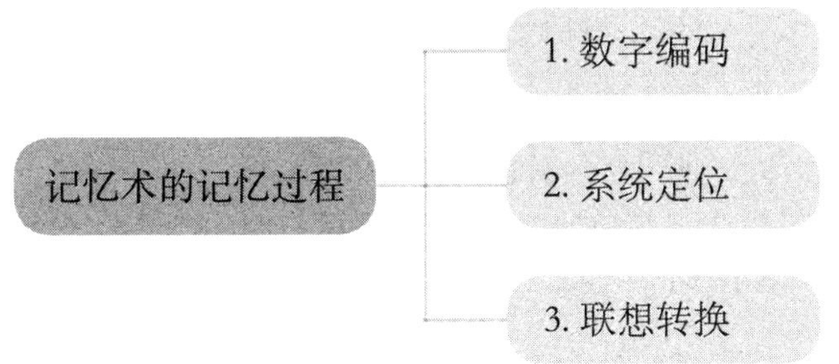

1. 数字编码

所有的记忆术都强调编码对记忆的重要性，尤其是数字编码。

记忆数字时，先将数字想象成图片，并且以分组的形式来记忆。具体操作如下：将 0 ～ 99 中每两个数字为一组，每组数字对应一幅图片。

例如，00 对应铃铛，01 对应树，02 对应耳环……76 对应气流，95 对应酒壶，99 对应舅舅……将这些数字编码成图片牢固地存储在大脑中。当要记忆一串无规律的数字时，再进行具体的编码，可对数字巧妙记忆。

2. 系统定位

记忆的信息在大脑中存储，实质是在运用系统定位的方式，比较著名的系统定位是“记忆宫殿”，通俗地说，记忆宫殿是在大脑里想好一个场景，再把信息填入场景来记忆的方法。

比如，你可以将家里的客厅当成“宫殿”来定位记忆，客厅里有沙发、桌子、电视、空调、风扇等物品。当你要记忆的时候，把记忆的材料放到“客厅”相对应的位置上，提取时再根据“位置”的线索提取出来。

3. 联想转换

这是最后一个过程，也是最重要的过程。它关系到你能否快速记好材料。

举例来说：我们要记忆“38746143”这串数字。首先，将数字进行编码：38——妇女，74——骑士，61——儿童，43——石山；之后，编好后进行系统定位。你可以想象成在自己家客厅里，妇女和骑士坐在沙发上看电视，儿童在桌子旁看一块神奇的石山。这样一来，你就能一下子记住这串数字。

记忆高手之所以能立即记住一段有规律的数字，是因为他们掌握了这样的记忆术。为了能够熟练使用各种记忆术，他们会花数月甚至数年的时间刻苦训练。

任何记忆方法，都需要在实践中勤加练习才能取得理想的效果。目前，还没发现有任何神奇的记忆方法可以让你不费吹灰之力就记住想要记住的内容。

不可否认，让孩子学习记忆术对学习有一定的帮助。现代认知心理学和神经科学对人的认知过程做了很多深入研究，认为记忆是认知过程的重要环节。

我们要想拥有良好的记忆，必须结合科学记忆原理来记忆。记忆术刚好融合了科学记忆的原理，即编码、定位、联想三部分知识。

这些原理具有可迁移性，面对不同的材料，需要选择相适应的方法和操作技巧加强迁移，才能实现高效记忆。

如果孩子学习文化知识时懂得正确迁移，将有可能产生神奇的记忆效果。相反，如果孩子学了记忆术后不懂得迁移，不能迁移到具体的学习中，记忆术也就成了一个摆设。

总之，记忆术并不神奇，它只是记忆方法的巧妙运用。只要加强训练，多加运用，我们也能拥有高超的记忆力。

三、懂得减压，记忆力才能提高

在一些电视节目现场，主持人通常会提前采访选手："马上就要上台表演节目了，请问你现在的心情如何？"

选手双手握着话筒，吞吞吐吐地回答："我……我有些紧张，手心都出汗了！"主持人安慰他："没事，放轻松。相信自己，你一定可以！"

选手勉强地挤出微笑，不安地走上舞台。因为压力过大，选手最终没有发挥出应有的水平。那些上台前表示没有压力的选手，反而超常发挥，获得理想的成绩。

一个人面临压力的时候，心跳会加速，平时明明能记得的事情也会忘掉大半。

明天早上，龚丽将走入考场，参加她的第二次高考。去年高考，龚丽发挥失常，成绩离文科本科线差 5 分。

为了如愿考上自己心仪的学校，龚丽选择留校复读。在这一年时间里，她度过了无数次的纠结时光。她曾打电话向闺密诉苦："你们都读大一了，我还要参加高考。如果这次还失败了，我真的没脸见你们了。"

闺密劝龚丽不要想太多，别自己吓唬自己。龚丽听完闺密的话，在电话里哭了起来："你知道吗？我的英语没有复习好，满分150分的数学也可能考不了100分。这样上考场，我一定会再次失败。我不能再次复读了，想到这一点，我就很焦虑。"

闺密说了许多鼓励的话，希望龚丽能轻装上阵，考出好成绩。

考完最后一科，龚丽走出考场朝爸妈走来。她一边哭，一边说："我做题的时候，拿笔的手一直在抖。平时会做的题，当时我想了半天也想不出答案。太紧张了，丢了很多分，这次我肯定又考砸了！"

成绩出来后，龚丽果然没有考好，比去年的分数还少了10分。由于没有过本科分数线，龚丽只好报了北方的一所专科院校，继续求学。

考试时处于高度紧张的状态，就算遇到一道简单的题，你也会想很久。

考试前，你明明已经将知识点背得滚瓜烂熟，偏偏在考场上，什么也记不起来。

当交完考卷，走出考场，突然又想起了试卷上没有答的那道题的答案，你懊悔地拍着脑袋感叹：“刚才那道题其实很简单，我当时怎么就没有想起来呢？”

这样的场景，相信大家并不陌生。之所以会出现这种情况，是因为我们的记忆受到压力的影响，提取信息时出现了问题。

研究表明：适度的压力，能够帮助我们记忆；过度的压力，则会干扰我们编码、检索、记忆的能力，对我们的生活和学习产生不良影响。

当你感到压力巨大，脑子进入短路状态什么也想不起来时，可以告诫自己：冷静下来，别紧张。

学会给自己减压，恢复自己正常的记忆水平。

经过内部选举，郭洪从众多选手中脱颖而出，代表单位参加下午市里举办的“××企业杯”演讲比赛。大家对他充满信心，纷纷给他加油打气。

中午吃饭的时候，公司王总还以茶代酒敬了他一杯，鼓励他：“郭洪，你不要有任何压力，站在舞台上你就是王。提前庆祝你喜获一等奖！来，干杯！”

郭洪也在内心告诉自己，下午的演讲比赛一定要放松心情，发挥出自己最好的实力，绝不能给单位丢脸，辜负大家的信任。

结果却很不理想，演讲台上，郭洪忘词了。这是他有史以来第一次忘词——稿子是自己写的，背了无数遍，怎么会忘词?

想了几秒钟，郭洪也没有想明白。他双手在裤子上来回揉搓了几遍，看着台下评委们期待的表情，他的脑袋一片空白。

郭洪努力地想要继续演讲，可就是说不出一句话。他甚至想过直接离开舞台，放弃这次比赛。站在后排的同事贾刚看到郭洪在台上尴尬的样子，用双手在胸前做了几个深呼吸的动作，提醒他放松心情，并向他竖起了大拇指。

郭洪顿时恢复了信心："怕什么，单位的任何工作我可是从未输过，何况这只是一场比赛而已。"这样自我暗示后，郭洪继续演讲。

最后，郭洪拿到演讲比赛二等奖。庆功宴上，他说："我当时真的忘词了，是临时瞎编的演讲稿，没想到反而更加贴近演讲主题，让自己赢得了大奖。"

同事们听后，不约而同地对他表示佩服："你还能即兴演讲，高手果然是高手！"

人的记忆与内侧前额叶皮质、内侧颞叶以及海马体有着密切的关系。为了探讨压力如何影响这些区域，心理学家做过许多这方面的研究。

德国心理学家邀请一批志愿者做了这样一个实验。志愿者假装参加一场 15 分钟的工作面试，面试在紧张的气氛中进行，结束后有两项任务，需要学习两种不同类型的信息。

第一项任务和已知的信息有关，第二项任务则是全新的信息。研究人员通过功能性磁共振成像技术，记录志愿者的大脑活动。

实验发现，志愿者在学习和储存记忆有关的新信息时，内侧前额叶皮质的活动有所增强；获得全新信息时，海马体被激活了。

压力状态下，内侧前额叶皮质活动受损，会降低提取任务效率。换句话说，压力会降低人们提取旧知识或执行记忆相关任务的能力。

考试时，有人忘记了解题公式；上台演讲时，有人忘记了背诵好的稿子；开会发言时，有人突然忘记了自己的讲话内容。这些都是正常现象，与我们的压力有关。当压力缓解后，我们会很快恢复之前的记忆。

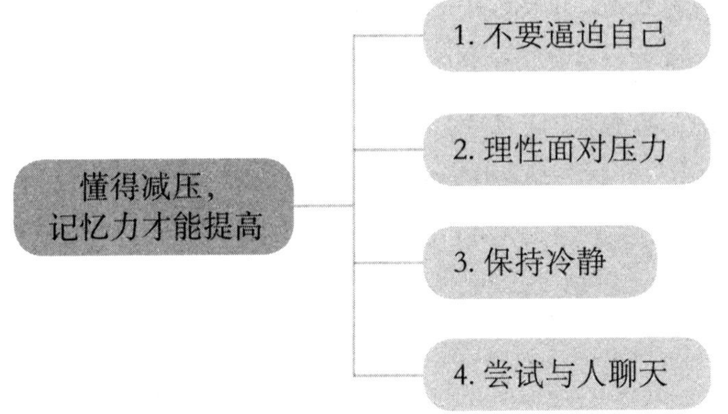

既然压力会影响到记忆，面对压力时，我们需要掌握减压方法，让自己保持正常的记忆力。

1. 不要逼迫自己

背诵材料时，背了很久也没有背完，你想着无论如何也要逼自己一把，把它们尽快背完。在这样紧张的状态下，你的压力会越来越大，学习效果反而不理想。

我们要懂得合理调节压力，不要总逼迫着自己下“狠心”去学习，试着放松下来，用平和的心态去面对，发挥自己的最大记忆潜力。

当你觉得记忆材料的压力过大时，可以重新调整背诵策略，将资料细分为几个部分，先背诵其中的一部分，再背诵其他部分，从而减轻压力。

2. 理性面对压力

越是紧张，大脑越是一片空白，什么也想不起来。尤其是在考试、面试、演讲等场合。

这时你可以深呼吸，告诉自己别紧张，先跳过记不起来的地方，重点把握能记起来的部分。待心情平复，你没有了压力，之前忘记的部分反而会主动浮现出来。

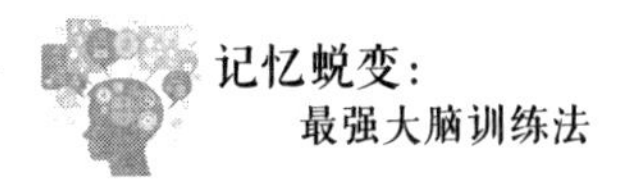

3. 保持冷静

人在压力大的时候，容易心跳加速，思维凌乱，失去理智。这时候，我们的记忆力、判断力会大受影响，常常做出一些冲动的决定，甚至是极端的事情。

越是在这样的时刻，越要保持冷静。你可以在内心进行自我暗示，告诉自己不能冲动，然后迅速弄清当下应该做什么，不应该做什么。

只有冷静下来，你的大脑才能恢复正常的运转状态，不致让自己后悔可以做好的事没有做好。

4. 尝试与人聊天

工作压力大时，你可以尝试与同事聊聊时下发生的大事或趣事。聊完天后，你会发现自己神清气爽，之前的疲惫全无踪影，又可以全身心投入到工作中。

聊天既能打发时间，又能恢复疲惫的精神。哪怕只是进行 10 分钟的有趣谈话，也有助于提高你的注意力，尤其是谈到情感话题时，你的压力更会得到减轻。

压力会破坏我们的记忆。如何缓解压力造成的负面情绪，在医学和教育领域有着广泛的操作。医生可以据此治疗与压力有关的心理疾病，如广泛性焦虑症、忧郁症等。教育从业者也可根据学生情况，研究出缓解他们压力、提高学习成绩的方法。

记住，当压力来临时，学会释放压力。没有压力，你的记忆水平才会更好。

四、听音乐也能提高我们的记忆

长期以来，神经领域专家对大脑的记忆机制存有一定的争论。经过大量研究，他们得出一个结论——与音乐有关的信息，属于容易记住的一类。

1993 年，美国威斯康星大学的心理学家弗朗西斯 · 鲁斯切和她的同事发现，听莫扎特的音乐可以改善人体的计算和空间感知能力。心理学家还发现，听了莫扎特的音乐，就连老鼠都能在迷宫游戏中得高分。

你可能会问，听音乐真的能提高我们的记忆力吗?

上课铃声刚响，九年级（2）班的李老师走进教室，在黑板上写下一行生僻字。

学生即将面临中考，为了让他们能取得好成绩，李老师再三强调，希望大家一定要把这些生僻字熟稔于心，牢牢

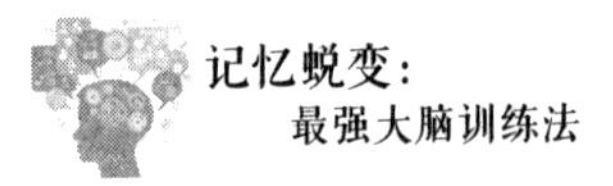

掌握。

李老师写的字是：龘龘、涕泗、呶呶、瓜瓞、沆瀣、茕茕、不莠。写完后，李老师看着台下的学生，问道：“有哪位同学能正确读出这些字的读音？”

李老师刚一说完，坐在教室最后排的陶鑫举起了手。他流利地将这些字读了一遍。李老师感到很吃惊：陶鑫在班上的成绩并不出色，语文考试从未及格过，他竟然能读对这些生僻字？

这时，好多学生纷纷笑了起来。有学生大声说：“李老师，这些字太简单了，我们都会。因为有一首叫《生僻字》的歌，里面的歌词就有这些字。”

没等李老师说话，学生主动唱了起来：“茕茕孑立，沆瀣一气。踽踽独行，醍醐灌顶。绵绵瓜瓞，奉为圭臬。龙行龘龘，犄角旮旯。娉婷袅娜，涕泗滂沱。呶呶不休，不稂不莠。”

李老师听完大家唱的歌曲，才恍然大悟。

如果是第一次见到这些陌生的词语，学生一定会吓得目瞪口呆。听完朗朗上口的歌曲《生僻字》后，这些字很快进入学生的耳朵，多听几遍也就记住了歌词。

所以，当李老师考学生这些生僻字的时候，学生能准确地读出它们的读音。

也许你猜到了，枯燥的记忆材料变成歌曲后，有了一定的韵律和节奏，增加了趣味性，能让我们迅速记住。

你看，音乐是可以帮助我们记忆的。

研究记忆提取的专家勒迪格博士说过：“音乐会提供一个节奏、一个韵律，而且通常是押头韵，这种结构是解锁储存在大脑中信息的关键——音乐起到了线索的作用。”

前几天，喻维报名参加了公司要举办的元旦文艺晚会演出，她报的节目是诗词朗诵。不过，下周一就要上台表演了，她还没有把准备朗诵的诗词背完。

如果表演那天忘词，尴尬地站在舞台上，日后一定会被同事们当成话柄来取笑自己。一想到这儿，喻维顿时感到心跳加速，急得在办公室里走来走去，不知道该怎么办。

同事小薇见状，问她：“你准备的诗词题目是什么？我帮你想想办法。”

“就是北宋文学家苏轼的《水调歌头·明月几时有》。”喻维马上回答。

“是这首呀。这首词很简单的，你听过王菲唱的《但愿人长久》吗？你会唱那首歌的话，这首词自然能背诵出来。”

听小薇说得如此容易，喻维的脸上有了笑容。她打开手机的QQ音乐，搜到了王菲唱的这首歌。她这才发现，《但愿人长久》就是根据《水调歌头·明月几时有》谱的曲，除了歌名改了外，歌词完全一样。

下班回到家，喻维很快学会了这首歌。元旦文艺晚会那天，喻维“零失误”地朗诵了《水调歌头·明月几时有》，赢得了同事们的阵阵掌声。

下台后，喻维向小薇表达了感谢，如果不是她，自己肯定会忘词。小薇只是笑笑：“你不要感谢我，应该感谢的是音乐！”

不用吃惊，音乐的确能加强人的记忆。

科学家研究发现，并不是所有的音乐都能帮助人们记忆，只有那些节奏明快、旋律优美、让人集中注意力的音乐，才有这样的效果。

最后，专家得出这样的结论：音乐能刺激孩子大脑的发育，让他们的大脑变得更灵敏、更协调。除此之外，音乐不仅能锻炼他们的记忆和感受力，增强他们的空间感和时间感，还能提高他们的语言、数理、逻辑等能力。

听音乐，对成年人也有效。成年人在听音乐时，不仅能缓解疲劳，在一定程度上也能加强自己的记忆力。

在实际生活中，我们可以通过音乐来提高记忆。

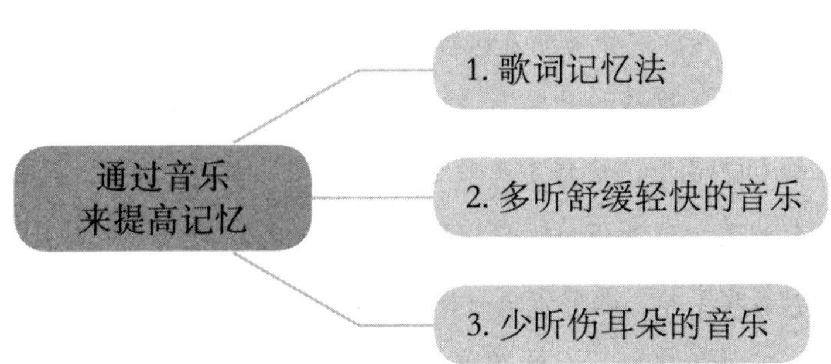

1. 歌词记忆法

记忆一份材料时，如果很难用普通的方法记忆时，你可以考虑将它编成歌词来记忆。

例如，我们记忆泰国首都曼谷的名字。曼谷的全称是：共台甫马哈那坤奔地娃劳狄希阿由他亚马哈底陆浦改劝辣塔尼布黎隆乌冬帕拉查尼卫马哈洒坦，一共41个字。硬记肯定很难，你可以将句子拆分：共台甫马哈那坤，奔地娃劳狄希，阿由他亚马哈底，陆浦改劝辣塔，尼布黎隆，乌冬帕拉，查尼卫马哈洒坦。

分好后，根据自己的爱好，随意编成喜欢的旋律，把文字当成歌词就能巧妙地将其记住。

2. 多听舒缓轻快的音乐

当你累了感到疲劳时，可以试着听听舒缓的音乐，缓解大脑神经的疲劳，才能再次集中注意力。

很多人证明，让人情绪放松、心情愉悦的轻音乐的确有助于提高人的记忆力，如林海的《东阳》、久石让的《天空之城》、班得瑞的《初雪》、理查德的《秋日私语》等。

罗扎诺夫高效记忆音乐、莫扎特钢琴曲、巴洛克音乐、贝多芬第六交响曲等也能舒缓情绪，提高我们的记忆力。

3. 少听伤耳朵的音乐

音乐有多种，不同的音乐能给我们带来不同的听觉感受。舒缓的音乐能让我们放松心情，集中注意力，增强记忆力。节奏疾快的重音乐对我们的记忆力并没有任何帮助，听久了反而会有损我们的听力，严重的还会造成神经紊乱。

当你想要用音乐来提高记忆力时，应该尽量避免选择那些重节奏的音乐，而是选择能让你放松心情的音乐。

实践证明，音乐对我们提高记忆力是有帮助的，尤其是对那些具有音乐天赋和听觉记忆特别突出的人。不过，要记住，音乐对记忆只起着辅助的作用，不能代替记忆方法。记忆材料时，必须根据实际情况，灵活选择记忆方法去记忆。

五、细说男性与女性的记忆差异

研究发现，男女的注意力存在不同。

男性多注意“物”，喜欢探索物体的奥秘，且注意稳定性比较好，持续时间长；女性则多注意“人”，喜欢探索人生，通常会注意自己和他人的容貌、言论、举止等，在“人”

的注意上稳定性比较好，持续时间长。

同学聚会上，大家闲聊中说起男女生记忆力差异的话题。

刘松说："以前班上成绩好的往往是男生，现在成绩优异的却是女生居多，似乎越来越呈现'阴盛阳衰'的趋势了。"

霍霄听了，立即反驳道："这只是个别现象吧？即使真的有这样的现象，那也不奇怪。女生本来就心思细腻，记忆力比男生好，成绩自然比男生出色。"

女生记忆力真的比男生好吗？霍霄的话音刚落，大家纷纷议论起来。

这时，许旺的话引起大家的注意，他说："你们想想，小学的时候，班上的第一名大多是男生。进入中学后就反过来了，第一名往往不是男生，而是女生。当初我们念书的时候，从初中到高中甚至大学，班上的第一名一直都是女生。我现在是一名中学教师，我们班上的前三名都被女生给承包了！"

"对！不仅是成绩方面，在记忆一些琐碎的事情上，女生的记忆力也比男生要好很多。"有人随声附和。

记忆和性别真的有必然关系吗？

传统观点认为，女性的学习能力不如男性，这其实是不正确的。科学家研究发现，女性的学习能力跟男性是相当的。

诚然，学习和记忆有很大的关系，记忆能力好，学习成绩自然提高。那么，女性和男性在记忆方面究竟存在怎样的差异呢？

上周末，刘芳约好男朋友王晰在某购物广场的咖啡厅见面。快到约定时间了，王晰提前点好刘芳最爱的“卡布奇诺”，想着女朋友到了就能喝上可口的咖啡。

让王晰感到意外的是，等了半个多小时，一直不见刘芳的身影。

王晰只好打电话给刘芳，问她到哪里了。刘芳在电话里解释：“抱歉，导航导错了地方，我迷路了。你再等我半个小时吧，我重新导航，30分钟保证到。”

半小时后，刘芳终于姗姗而来。一见面，刘芳立刻辩解：“你知道的，我们女生的空间记忆能力不好，是天生的路痴，容易迷路。”

王晰听了，半信半疑地问道：“是吗？你说的这些我怎么不知道！”见男友不相信自己，刘芳开始滔滔不绝，举例论证说起男女的记忆差别。

美国宾夕法尼亚大学的研究员拉吉尼·维尔马博士进行过一项关于男女的记忆研究。他认为，女性在记忆力、社交能力和处理多任务工作方面要好于男性。

来自宾夕法尼亚大学的另一支研究团队则表示：“从青春期开始，男性运用大脑时，他所启用的是大脑中某个特定区域的神经细胞。与男性不同的是，女性大脑的两个脑半球之间会发生更多的交叉连接。”

男性和女性的记忆差异，主要表现在记忆类型和记忆方式方面。记忆类型包括形象记忆、逻辑记忆、情感记忆、运动记忆等。

在记忆类型方面，女性比较擅长形象记忆、情感记忆和运动记忆，男性则比较擅长逻辑记忆。具体来说，主要有以下几种不同。

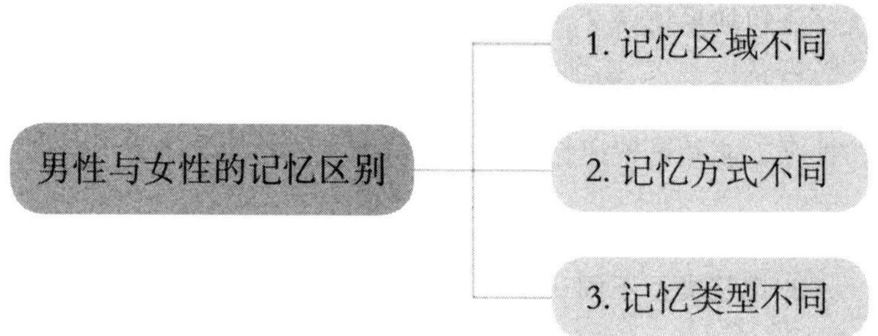

1. 记忆区域不同

专业机构研究发现，男女的记忆区域存在不同。女性的情感区域比较活跃，与情感有关的细节容易被记住。比如，女性通常会比男性更容易记住情人节、三八妇女节、结婚纪念日等节日以及生活中的琐事。

这就是为什么许多女性在回忆一件久远的事情时，能够记起所有细节，而男性却只能记住事情的大概经过。

通常情况下，男性的记忆区域在接受视觉刺激后会变得活跃，更擅长对道路布局等的记忆。也就是说，女性善于记细节，男性善于记大局。

2. 记忆方式不同

青春发育期开始后，男性往往在第二信号系统基础上进行更高级的抽象概括，其理解记忆和抽象记忆能力较强。

与男性不同的是，女性的机械记忆（不理解内容、死记硬背地记忆）和形象记忆较强。比如，她们喜欢从头到尾、逐字逐句地复述课文，而不注重思维加工和逻辑加工。

另外，女性还偏重具体形象材料的记忆，较为精准，模仿性强，能凭形象记忆精准地模仿别人的动作和语言。

3. 记忆类型不同

一般来说，女性的听觉、言语知觉方面的记忆力要优于男性，而男性在视觉和空间知觉方面的记忆力比女性好。

根据这些不同，有人总结说男性对空间的记忆力强，比女性更擅长导航类记忆。这种说法曾得到大众的认同，不过学术界对此还存在争议，没有得出统一结论。

虽然男女性别不同，在记忆上存在各种差别，但这并不影响他们的学习能力和工作能力。只要能充分利用自己的大脑，发挥自己的才能，男性和女性都能在工作或事业上创造出丰硕的成绩。

六、别再说记忆差是年龄惹的祸

随着年龄的增长，有人开始抱怨："相比年轻时的自己，现在的记忆大不如前，总是丢三落四记不住重要的事情。想要学习新事物也觉得万分吃力，力不从心了。"

记忆和年龄之间真的有关系吗？我们先来看一个案例。

老杨在公司工作了20多年，业务能力很强，多次给公司创造巨额收益。大家对他的评价颇高。

公司最近安排骨干员工去外省参加培训学习，老杨也在培训名单之中。同事们对领导的安排表示赞同，凭老杨出色的业绩，他本就有资格参加培训学习。

令大家吃惊的是，老杨竟然找到领导，说自己年纪大了，记忆力不好，所以不打算参加培训了。他申请将培训的机会让给其他同事，希望领导能批准。

部门经理听了老杨的话，盯着他看了几秒，劝道："老杨，你今年才46岁，记忆力不会下降得这么快吧？机会难得，我们公司就只有两个名额，你能去的话还是去吧！"

"我的记忆力早就不行了，我真没撒谎。之前我参加司法考试，想拿到律师从业资格证，结果看了一个多月的《刑法学》，连基本的法条都记不住。没办法，最后我只好放弃考试。不服老不行，我的记忆力堪忧，不能参加培训学习了。”

听完老杨的解释，部门经理叹了口气，只好同意他的申请，重新换人参加培训学习。

大家知道这件事后，都议论了起来：人到中年，记忆力真的会随着年龄增长而下降吗？

生活中，你可能也有过这样的困惑：年轻的时候，记忆力非常好，想学什么、记什么，一点儿也不费劲。年纪大了，记忆力逐渐衰退，开始出现记忆困难——一件很简单的事情，你记了半天，转眼便忘到了九霄云外。

很长一段时间，人们认为记忆力和年龄之间存在负增长关系：随着年龄的增大，记忆力会下降。事实上，这个观点并不完全正确。

经过大量实验，心理学家得出这样一个结论：人的智力在 13 岁以前是直线上升，所以 13 岁以前是记忆力最好的时期；13 岁以后缓慢发展，25 岁时达到最高峰，26 ～ 35 岁时保持高水平，35 岁之后开始下降。

记忆是人的智力的一部分，与其有相同的发展规律。这也是许多人总感觉自己年纪大了，记忆力下降的原因。

简单地说，随着一个人年龄的逐渐增长，感知觉、视力、听力会出现衰退的现象。外界信息进入大脑会出现某些障碍，大脑检索事件的细节以及回忆经历的能力随之下降，而熟悉度似乎并不会因个体的年龄增长而变化。

其实，大家不用对此感到担忧。如果中年人能掌握一些记忆策略，做一些益智类的游戏来锻炼大脑的灵活度，记忆力并不一定会下降很多。

进入 21 世纪，科技的发展日益发达。智能手机的普及越来越呈现市民化，每人拥有一部手机已经是再正常不过的事情。

想到母亲已经 60 多岁了，一直在用功能滞后的“老人机”，邹豪觉得无论如何一定要给母亲置换一部新的智能手机。

这一天，邹豪见母亲的生日马上就要到了，下班后径直去了手机专卖店，给母亲买了一部最新款的手机。

回到家，邹豪兴奋地掏出手机，对母亲说：“妈，我给你买了新的手机。你那部旧手机早该淘汰了，用这款智能手机方便多了，以后你还能跟我微信视频聊天呢。”

“我都老了，你买的智能手机我也不会用，还花那么多冤枉钱，一点儿也不划算。”母亲听了，有些心疼钱。

“别这么说，妈妈曾经是人民教师，是有文化的人，智能手机可难不倒你。我给你画了一幅智能手机使用说明图，照着图上的说明，不出三天保证你能熟练使用。”

母亲半信半疑地打开新手机，在邹豪耐心地指点以及思维导图的帮助下，果然不到三天的时间，她就熟练掌握了QQ、微信、抖音等软件的使用。没事的时候，她主动找亲戚朋友微信视频聊天，打发无聊的时间。

任何时候，人生不自我设限才能创造奇迹。记忆也是一样，你只有相信自己，它才能给你带来奇迹。哪怕你年龄大了，也别说自己的记忆力差，拒绝热爱与接受新事物，把它们抛在身后，不去接触、学习。

统计资料显示，好多人过了24岁后，随着年龄的增长，记忆力会变得越来越差。然而，这些统计数据中存在一个大问题：他们调查的对象，是那些不复习知识和不善于利用记忆技巧的人。

记忆与年龄之间的关系不是绝对的，不同的人有着不同的记忆特点。有的人到了70岁后记忆力依然很强，而有的人到了50岁记忆力就开始直线下滑。

专门研究老年人记忆规律的专业机构得出了这样的结论：60岁以上的人，回忆和认知能力与20岁之前相比要差，但记忆和认知事实的效果比年轻人要好。

可以说，记忆力随年龄减退这件事未必是不可避免的，你不能把记忆差完全归罪于年龄。即使现在年龄大了，当你掌握了正确的记忆策略后，你的记忆能力也能得到明显提高。

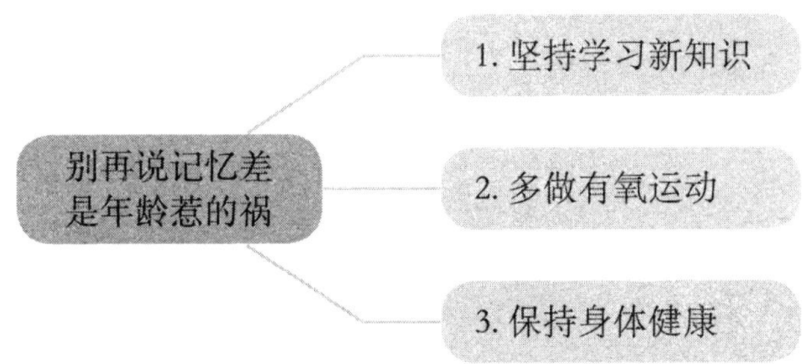

1. 坚持学习新知识

大脑的潜能是无穷的，只有经常使用大脑，其相关功能才会处于激活状态。所以，要想拥有好的记忆，你需要保持学习新知识的能力。

你可以坚持读书并写笔记，也可以适当使用智能手机、平板电脑等设备，多运用当下的高科技产品，学习各类新知识，做一个时尚达人。

2. 多做有氧运动

体育锻炼，尤其是有氧运动，不仅对人的身体健康有益，对心理健康也有益，远远大于只针对脑部训练带来的益处。

但在运动中要注意，你不要一味地进行马拉松、羽毛球等这类太过剧烈的运动，可以快步走等，只要达到心跳加速或出汗的目的就可以。

3. 保持身体健康

疾病会影响人的记忆力，如焦虑症、抑郁症、心脑血管等疾病会减慢大脑中的血流速度，导致神经细胞皱缩，影响人的记忆力。

专家建议，人到中年尤其要注意身体健康，控制好血压和血糖。日常生活中，少熬夜，不吸烟，不喝酒，保持正常的体重，定期去医院做体检。只有身体健康了，人的记忆力才会好。

记忆是一种复杂的心理过程，年龄只是其中一个因素，记忆力下降与年龄增长之间并没有必然的关系。

要知道，70 岁的人也能拥有清晰的思维和良好的记忆力，这并不是一件稀奇的事情。如果你感到自己的记忆力不如以前了，不用过于担心，学会从各个方面寻找原因，采取一些记忆策略来增强你的记忆力。

/第四章/
掌握实用的超级记忆法

记忆力好的人，不是他有多聪明，而是懂得运用巧妙的记忆方法。

如果你没有掌握记忆方法，只知道死记硬背，你的记忆力又怎么可能会高？别总是抱怨自己的记忆力差，掌握记忆方法后，你也能拥有好的记忆力。

一、数字记忆法：让你从此爱上记东西

小学刚学数字的时候，老师会将 1 ～ 9 这 9 个数字编成歌谣让我们记忆："1 像铅笔能写字，2 像小鸭水中游，3 像耳朵很听话，4 像红旗迎风飘……"

即使过了多年，许多人对这首歌谣也记忆犹新。你有想过这是为什么吗?

答案很简单，因为老师根据数字的读音，结合生活常识等信息，编成了朗朗上口的歌谣。这让人听了觉得形象生动，不知不觉间便把这些数字记了下来。

如果你对数字敏感，可以使用数字记忆法实现高效记忆。

教室里，李航正在低头看书，李老师突然请他站起来回答问题："记叙文有哪些要素？"

李航的语文成绩在班上一直是倒数，同学们都觉得李航一定回答不了老师的提问，觉得这下有好戏看了。

同学们正准备哈哈大笑时，却听李航回答道："记叙文有六要素：时间、地点、人物，事件的起因、经过、结果。"

李老师推了推鼻梁上的眼镜，不相信李航竟然能答对，

又继续问道："说明文有哪几种顺序？"

"三种顺序：时间顺序、空间顺序、逻辑顺序。"李航再次答对了问题。同学们惊呆了。

李老师的脸上露出赞赏的笑容，追问道："最后一个问题，语言运用的三原则是什么？"

"简明、连贯、得体。"李航流利地回答，赢得了同学们的阵阵掌声。

李老师问李航今天怎么表现得这么出色，每个问题都回答得完全正确，令老师和同学都刮目相看。

李航笑着解释："也没有什么诀窍，主要跟我喜欢数字有关吧。我只是记住了六要素、三顺序、三原则中的几个数字，再把具体的文字加上去，所以就记住了一些知识。"

记忆的时候，我们要懂得根据材料的性质采取有效的方法进行记忆。正如故事中的李航，他只是记住了关键的"六要素、三顺序、三原则"，便巧妙地记住了记叙文的要素、说明文的顺序以及语言的原则。

同样的问题，如果你只是死记硬背，虽然也能记住，却会花掉过多的时间，记忆效果也不一定牢固。

中午休息时，办公室的同事们聊起了记忆的话题。

王欢说："我们记东西的时候，可以利用数字的谐音来记忆，这样记忆效果会好得出奇。"

喜欢抬杠的文慧听到后，马上撑了她一句："说起来简单，有本事你亲自示范给我们瞧瞧呗！只要你示范成功了，我们才知道你说的话是可信的！”

“这有什么难的？我可以用数字的谐音背诵圆周率后20位数字，3.141 592 653 589 793 238 46。”

王欢没有看手机，竟然真的一口气背了出来。同事们打开手机百度搜索了圆周率，发现一个数字也没有错。他们都瞪大了双眼，问她是如何做到的。

王欢笑着告诉了同事们答案：“根据谐音，将14记成钥匙，15记成鹦鹉。以此类推，圆周率后20位数字可以编成一个句子：钥匙（14）看着鹦鹉（15），球儿（92）看着老虎（65），珊瑚（35）喝着白酒（89），拍着气球（79），珊儿（32）和一个妇女（38）在石头边吃着石榴(46)。”

听完王欢的话，同事们明白了过来，没想到圆周率还能这样记。大家不约而同地对她竖起大拇指。

用数字进行记忆的方法有很多，常用的是编码记忆法，简称数字记忆法。

与其他记忆法不同，这种记忆法需要你对数字进行加工编码，再结合记忆材料的特点进行灵活运用，比较难掌握。

除了编码记忆法外，我们还可以使用一种简单、有效的方法。例如，根据数字的谐音、外形等，给记忆材料编一段简洁、生动的故事，从而实现高效记忆。

使用数字记忆时，需要注意以下几点。

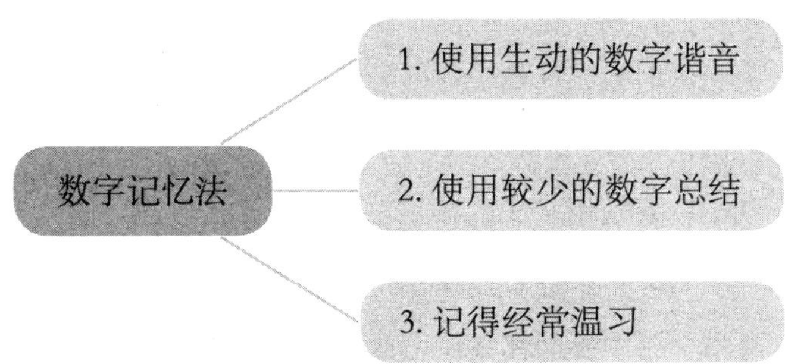

1. 使用生动的数字谐音

学历史的时候，需要记忆大量历史事件发生的年代，运用数字谐音的方式来记忆会高效许多。

比如，1368年，朱元璋建立明朝；1405年，郑和下西洋；1662年，郑成功收复台湾。记忆这三个历史事件，可以利用谐音方法：

朱元璋建立明朝的当天生了病，他一边让医生（13）打针，一边吹着喇叭（68）庆祝；郑和下西洋时，他手里拿着一把钥匙（14），领舞（05）上船出发；郑成功收复台湾时，是拿着杨柳（16）、吃着牛耳（62）去的。

通过这样的谐音记忆，记忆效果会更加好。

2. 使用较少的数字总结

领导讲话时，你不需要记住他所说的每句话，只须按照他讲话的重要程度，在笔记本上用较少的数字简明扼要地总结出来。

记忆的时候，仔细记住领导讲的主题，然后记忆具体有哪些方面，之后再去记忆细节内容。

切记，要使用较少的数字总结，最好是总结出 3 ～ 5 个主题，多了反而增加记忆负担。

事后，当领导问你会议上他所讲的内容时，你只须顺着标记的数字进行回忆，便能全部想起相关的内容。

3. 记得经常温习

数字具有高度概括性，可用于我们学习重要的知识或记忆重要的材料。但只使用数字记忆还不够，你还需要花时间反复温习。

例如，记忆“四书五经”，你要知道：“四书”指的是《大学》《中庸》《论语》《孟子》，“五经”指的是《诗经》《尚书》《礼记》《周易》《春秋》。

为了防止记错、记漏，你要随时提醒自己加强复习，达到永久记忆的效果。

事实证明，记忆一些复杂的材料时，用数字记忆法比普通记忆法的效果更好。当然，记东西的时候，我们不必只局限于数字记忆法，只要其他记忆法能达到较好的记忆效果，我们也可以运用。

灵活运用数字记忆法，不是说说而已，必须在实际生活中经常使用。熟能生巧，牢牢掌握后，你的记忆力才能提高。

二、联想记忆法：给记忆材料搭建桥梁

当人脑受到某种刺激时，浮现出与该刺激有关的事物形象的心理过程，叫作联想。对每个人而言，联想都有着重要的作用。

爱因斯坦说过："联想是记忆力和想象力的翅膀，如果人类缺乏联想力，那将是不可想象的。"

作家写书需要联想，画家画画需要联想，设计师设计作品也需要联想。事实证明，思维中的联想越活跃，与经验的联系也就越牢固，一个人的创造力也就越强。

在记忆方法中，就有联想记忆法。

孙博找同事顾铭诉苦，他说自己每次跟朋友们交流都感到有困难，交不了心，因为朋友们喜欢吟诗作对，而他是一个理科男。

他想跟朋友们一样，做一个有才华的文艺青年。于是，他想到了要多读一些古诗词书籍，但每次拿起诗词书籍就脑

袋犯困，不知道该如何背诵那些优美的古诗词。

顾铭的本科和硕士专业都是文学类，听完孙博的话，他想了想，告诉孙博一个方法："你知道联想记忆法吗？比如，现在要你来记忆李白《月下独酌·其一》这首诗的前面四句：花间一壶酒，独酌无相亲。举杯邀明月，对影成三人。

根据诗的意思，你可以用联想记忆法在脑海里想象这样的画面：某天深夜，一个人在花丛间举起一壶酒，独自喝。在月亮的照耀下，地面上出现了月亮、影子、喝酒的人。接着把画面中的人想象成自己，你在月下独酌。这样一来，记忆就会有很好的代入感，帮助你快速记住这首诗。"

孙博听完，若有所悟地问道："这方法真的有用吗？"

顾铭拍了拍孙博的肩膀，鼓励道："不去试试，你怎么知道有没有用？"孙博点了点头。

一周后，他俩聊天，孙博张口就来了几句诗词。

"你看，现在我都能背诵诗句了。"听了顾铭的话后，孙博明白了联想记忆法果然是记忆诗歌的好方法。

客观事物都是相互联系的，找到它们的联系点，利用某种方法衔接起来，就是联想记忆法。

联想记忆法使用非常广泛，我们在日常工作中开会、演讲、谈话等都可以使用这种方法。只要你善于发现总结，定能将记忆材料加上联想的翅膀，实现高效记忆。

崔晴是一个电影迷，几乎每个周末都会准时去电影院看电影。平时，只要你跟她聊起电影，她能跟你滔滔不绝说上几个小时也不觉得累。

最让人不可思议的是，崔晴能记住近三年内所看过的任意一部电影的名字，连同电影的内容。

有一次，崔晴和闺密王瑶聊天。

崔晴说："你还记得我们两年前看的电影《看不见的客人》吗？那部悬疑片非常精彩，下周电影院有一部类似的印度片，到时候我请你去看。"

王瑶听了，很吃惊地说："我都不记得那部电影了，我们有看过吗？我怎么一点儿印象都没有。"

"我们当然有看过。我们一起看过的电影还有《人在囧途》《我不是药神》《记忆大师》《踏雪寻梅》《无名之辈》《三傻大闹宝莱坞》《嫌疑人X的献身》……"崔晴摇晃着脑袋，说了一连串电影的名字。

"哇！你怎么记得如此清楚？"王瑶好奇地问道。

崔晴笑着解释道："这不难。这些电影彼此之间有相似性，按悬疑片和剧情片来分组记忆，可以将《看不见的客人》《记忆大师》《嫌疑人的X献身》《踏雪寻梅》分成一组，将《无名之辈》《三傻大闹宝莱坞》《人在囧途》《我不是药神》分成一组。前一组属于悬疑片，后一组则是喜剧片。这样分好组后只记一遍，我就全部记住了。"

听完崔晴的话，王瑶对她竖起大拇指："厉害了，我的姐！”

唯物辩证法告诉我们，世上的万事万物都存在联系，我们要学会用联系的观点来看问题。

记忆材料之间通常存在某种联系，我们可以根据材料的性质、成因、规律等特征，使用联想记忆法来记忆。

联想记忆法主要有以下几种：接近联想记忆法、对比联想记忆法、从属联想记忆法、聚散联想记忆法、形象联想记忆法、奇特联想记忆法、相似联想记忆法。

我们主要讲讲前面的四种方法。

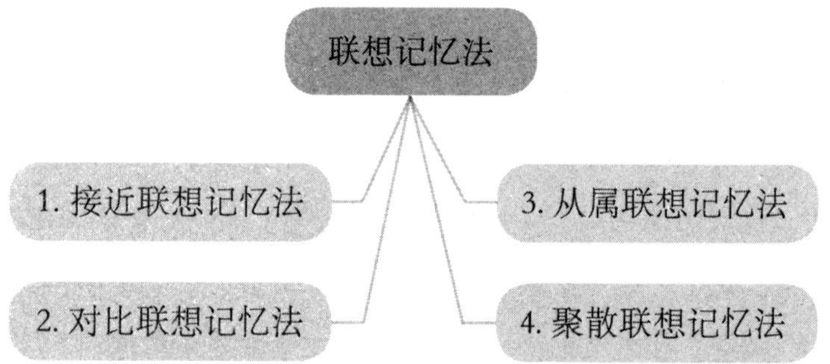

1. 接近联想记忆法

当要记的材料在时间或空间上比较接近能够建立起某种联系时，可以采用接近联想记忆法。

例如，要记忆中国周边的国家，你会马上想到韩国、朝鲜、日本、俄罗斯等。因为它们在地理位置上接近，只要想到其中的一个国家，你便能想起另外的国家；当问起你昨天做了什么，你会在脑海里搜索，寻找回忆的线索："早上去书店看了会儿书，中午去咖啡厅喝了杯咖啡，晚上去电影院看了一部电影。"

这些都是接近联想记忆法的表现。只不过，前者是空间接近，后者是时间接近。

2. 对比联想记忆法

根据事物之间明显对立的特点来联系记忆的方法，属于对比联想记忆法。对比性越突出，记忆效果越好。

对比常常运用在古诗词中，被诗人大量运用。我们在背诵古诗时，可通过其中的对比关系来灵活记忆。比如，背诵宋代诗人欧阳修的《画眉鸟》："百啭千声随意移，山花红紫树高低。始知锁向金笼听，不及林间自在啼。"

通过字面意思，我们知道前面两句的意思是鸟儿在树林中自由飞翔，后两句则表明鸟儿被锁入了囚笼，失去了自由。前后对比鲜明，我们在背诵时想象其中的画面便能快速记忆。

3. 从属联想记忆法

从属联想记忆法，是根据事物的因果、从属、并列等关系来记忆。在数学、地理、物理、化学等科目中，可以运用这种方法来记忆。

例如，要记忆三角形的推论：直角三角形的两个锐角互余；三角形的一个外角等于和它不相邻的两个内角和；三角形的一个外角大于任何一个和它不相邻的内角。

记住这三个推论很简单，你只须记住：三角形的内角和等于180°（指平面三角形）这条内角和定理就可以了，因为剩下的三个推论可以由它推导出来。

4. 聚散联想记忆法

思维包括聚合思维和发散思维。同样，聚散联想记忆法包括聚合联想记忆法和发散联想记忆法。

这种记忆方法主要是运用聚合思维对一定数量的知识通过联想，按照一定的规律组合到一起，或者运用发散思维对同一知识从多方面联想，实现快速记忆。

当你要记忆物理中的融化、凝固、汽化、液化时，可以根据它们之间存在的可逆性来记忆：融化是固态变成液态，凝固是液态变成固态，汽化是液态变成气态，液化是气态变成液态。

上面介绍的几种方法，间接概括了联想的规律，如接近、相似、对比、从属等。在记忆的时候，你完全可以利用这些规律来记忆。

也许，刚开始使用联想记忆法的时候，你会感到棘手。

熟练之后，你便能运用自如。渐渐地，你会发现联想记忆法让自己的思维反应变得更加敏捷，记忆力也在不知不觉中得到改善。

三、谐音记忆法：告别枯燥记忆的烦恼

节日时，大家都在手机微信上发红包，我们常常喜欢对方能发 520、888 以及 666 这些有趣的数字。

不用解释你也知道，“520”是“我爱你”的意思，“888”是“发发发”的意思，666 是“牛牛牛”的意思。

你发现了吗？这些数字之所以被我们喜欢，与它们暗含的谐音有关。

岑菲是一个 9 岁的小学生，别看她年纪小，可她是一个记忆高手，尤其是常见的历史知识，根本难不倒她。

上个月，她参加了全校的历史知识竞赛，因为表现出色，得了全校一等奖。

令同学们印象深刻的是她在决赛现场的表现。当评委老师刚将题目说完，其他同学正在思考的时候，岑菲第一个按响了铃声。

评委老师的问题是："请说出战国七雄是哪几个国家？"岑菲用最快的语速回答："齐、楚、韩、燕、赵、魏、秦。"

同学们被岑菲的反应吓住了，决定下一题一定要加快速度按铃抢着回答，不能让岑菲抢了先。没想到，第二个问题还是被岑菲率先抢到。评委老师的第二个问题是："请问，清末侵华战争中，八国联军属于哪八国？"

"俄国、德国、法国、美国、日本、奥匈帝国、意大利、英国。"岑菲流利地说出答案。

比赛结束后，获得二等奖的同学找到她，问道："你刚才回答的速度真快，难道你都不用思考吗？"

岑菲听了一脸的得意，说："老师提出的问题其实很简单，根本不用思考。第一个问题可以用谐音记成'七叔含烟找围裙'；同样，第二个问题可记成'饿的话，每日熬一鹰'。"

听完岑菲的话，同学才明白过来，难怪她能第一个抢答，原来是使用了谐音记忆法。

谐音，指读音相同或相近的意思。在记忆方法中，如果你懂得运用谐音记忆法，你的记忆效果会大大提高。

所谓谐音记忆法，是指用相同或相似的读音，将无意义材料变成有意义的材料，从而实现快速记忆。

大量事实表明：当你要记忆一些零散、枯燥、无意义的材料时，大脑会感到印象不深刻，记忆效果也不好。如果你能使用谐音记忆法，记忆效果会大不同。

周末，谢安和朋友在咖啡厅喝咖啡。喜欢聊地理知识的谢安，跟朋友讲了许多地理方面的话题。

朋友都知道，地理知识是谢安熟悉的领域，一开口他就停不下来，就算讲半个小时依然兴致盎然。

这让坐在角落的罗军看不下去了，他放下手机，问了谢安这样一个问题："既然你喜欢地理，那我来考考你，你能一口气说出拉丁美洲的国家吗？"

"你的问题一点儿也不难。拉丁美洲的国家有洪都拉斯、巴拿马、哥斯达黎加、尼加拉瓜、萨尔瓦多、危地马拉。"谢安爽快地答了出来。

罗军有些不相信自己的耳朵，瞪着双眼问他："你是怎么做到的？居然真的可以做到一口气说出来。"

谢安用手拍了拍自己的胸口，回答说："山人自有妙计。直接记这些国家的名字有难度，但仔细观察你会发现，它们的第一个字可以组成句子：洪巴哥尼萨危。你只须按谐音记成：红八哥你耍威。这样记，想忘记都难。"

为了证明谐音记忆法的厉害，谢安让朋友继续问了他几个问题。无论朋友觉得多难的问题，都被谢安流利地回答出来。

朋友这下终于相信了谐音记忆法的神奇。

通过材料的谐音关系，将材料组织成生动、有趣的句子，增加记忆的形象性、趣味性，你会发现记忆原来可以变得这么有趣。这就是谐音记忆的魔力。

常见的谐音记忆法有数字谐音记忆法、文字谐音记忆法等。我们记忆历史事件、地理知识、数字、英语单词时，可以运用谐音记忆法。

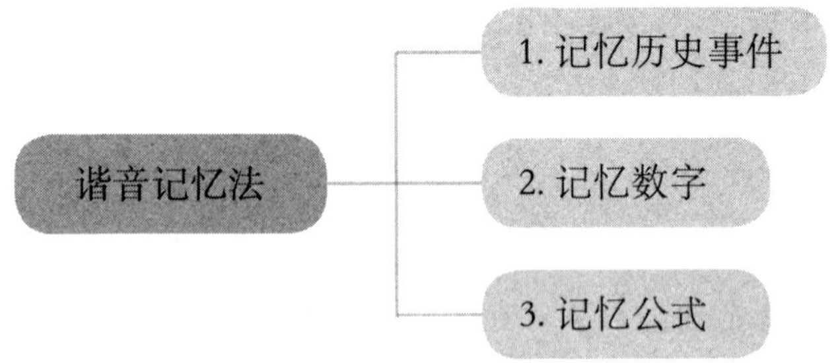

1. 记忆历史事件

记忆历史事件，常常需要记忆历史事件的发生时间，如果记得不牢固，事件之间很容易混淆。用谐音记忆法可以成功避开这个问题。例如，要记忆戊戌变法的时间、清军入关的时间、李渊建唐的时间。

戊戌变法发生的时间是1898年6月11日至9月21日，历时103天。你可以这样记忆：戊戌变法，要扒酒吧（1898），路遥遥（611），酒两舀（921）。

清军入关是1644年，你可记作“一溜死尸”（1644），同时还可以想象清军入关时尸横遍野的画面。

李渊在公元618年建立了唐朝，你可以这样记忆：李渊见糖搂一把（618）。想象一个人把糖抱在怀里的画面，你的记忆会更加形象、深刻。

2. 记忆数字

当你要记忆 91 958、873 721、2 710 045 780、8848.13 这些数字时，如果直接记忆会显得很吃力，用谐音记忆法则会变得异常简单。

91 958 可以记成“救一救我吧”，873 721 可记成“不管三七二十一”，2 710 045 780 可记成“你去一院，但是我去八院”，8848.13 记成“爬、爬、死爬，才能登上一座山”。

记忆数字的时候要记住，数字谐音不一定要与原来的音完全一致，只要数字的谐音听起来大概意思相同，能帮助记忆就好。

3. 记忆公式

学理科的学生经常要背诵大量的公式。直接记忆公式，虽然也能记住，但记忆效果并不理想，往往在考试时绞尽脑汁也想不起来。

如果你懂得用谐音记忆法来记忆公式，会让你避免记了又忘的麻烦。例如，化学中气体的摩尔体积是 22.4 升 / 摩尔，你可以这样记忆：“二二得四”，其中“得”代表“点”。

记忆物理学中电功的公式：$W=UIt$，可记成：“大不了，又挨踢。”同理，记忆电流强度公式：$I=Q/t$。可记成：“爱神丘比特。”你看，通过谐音的方法，再难的公式都能记住。

我们在学习语文、数学、政治等科目时，也可以利用谐音记忆法。运用谐音记忆法时，需要注意两点。

首先，不能事事谐音。谐音记忆只适合用来记忆枯燥乏味的内容，对于那些要求严格、必须准确记忆的材料则不适用。

其次，谐音一定要准确。谐音是采取读音相同或相似的规律来记忆，回忆知识的时候需要还原信息，谐音越准确，还原起来越容易。一旦你还原错误，只会弄巧成拙，背离记忆目的。

记忆知识是件很辛苦的事情。当你使用其他记忆方法后感觉没有明显的效果时，可以尝试使用谐音记忆法，它会改变你对记忆的看法，让你从此爱上谐音记忆。

四、思维导图记忆法：结合图文来记忆

看完一部电影，即使过了多年，你也能回忆出电影的故事情节；去某个景点旅游，下次再去时，你能准确记住景点周边攻略。

这是因为电影、旅游景点往往有图片或故事，能够吸引

我们的注意力，进而产生深刻的记忆。

大脑天生对生动的图片、故事感兴趣。如果你在记忆的时候能结合图片记忆，会收获意想不到的效果。

蔡芬的表姐生病住院了，目前在省城的一家医院治疗。

蔡芬去看望表姐，下了高铁，她打开高德地图，搜了半天医院的信息，也没有看明白。她只好打电话给表姐："表姐，我到省城了，你把医院的地址定位发到我的微信上。"

表姐告诉她："我住的这家医院不在市区，不太好找，你还是打车来吧，80 元左右就能到。"

"没关系，你描述一下大概位置，我用笔记下，直接坐公交车来。"蔡芬爽朗地回答。

表姐说道："这家医院没有直达的公交车，你下了公交车，还得走 20 分钟的路。"

"不用担心，你只须说下公交车怎么走，我保证能找到。"见蔡芬有信心，表姐只好将医院的位置描述给蔡芬听。

一个小时后，蔡芬果然出现在表姐的病房。表姐对她的到来感到有些意外："真厉害，你竟然坐公交车就找到了。之前闺密来看我，不仅没有找到医院，反而还迷路了。"

"很简单，我把你说的重要路段用思维导图的方式记下来，跟着导图就找到了，还节约了打车的钱。看，这就是思维导图！"

表姐接过蔡芬的手机，看到她画了一幅来医院的思维导图，不觉对她的这一行为表示欣赏。

思维导图，又叫心智图，是表达发散性思维的图形工具，可以广泛应用于工作、记忆、学习等方面。在全球范围内，包括大量的500强企业，在工作中都使用这种思维导图。

思维导图记忆法，其实很简单，即用图文并茂的方式，把各级主题的关系，用相互隶属与相关的层级图表现出来。简言之，就是利用大脑左右脑的功能，把主题关键词与图像、颜色等建立记忆链接，协助人们加强记忆、阅读、思维能力的方法。

半年没有在微信朋友圈发动态的崔雪，刚刚发了一条消息：2020年，成功拿到“铁饭碗”，新年新气象，祝福我吧。消息下方，配了某单位的图片。

很快，崔雪的朋友圈收到上百条点赞、留言。朋友小潘的留言是：“哇，恭喜你考上公务员，太厉害了！我今年报考的也是你的那个岗位，这个岗位3000多人报考，只招录3人，很遗憾我失败了。你是怎么复习的？传授一下经验呗！”

崔雪看到留言后，回复：“谢谢大家的关心，我只是运气好，才考上了公务员。”她刚回复完，朋友们又在下方开始评论。其中有一条说她肯定有独门的学习方法，只是故意谦虚，不肯分享。

想了一会儿，为了照顾来年还考公务员的朋友们，崔雪在朋友圈又发了一条动态，配了9张图片，上面是公务员考试《申论》知识点的思维导图。

在动态上方，崔雪写了这样的话："满分150分的《申论》，我考了142分，这与我懂得使用思维导图有关。下面的思维导图是我亲手所画，希望能对朋友们有用。"

崔雪画的思维导图，将知识点清晰明了地进行总结概括。看完她的思维导图，小潘受到了启发，表示真心佩服。

思维导图的创始人托尼·博赞说过："思维导图，是记忆的太阳系中最闪亮的星星。"

许多人认为，画思维导图浪费时间，不如直接看书背诵知识有效。这其实是一种误区。

你在画思维导图的时候，不仅将知识点进行了消化吸收，画完思维导图，更能加深你对知识点的印象。

当你根据思维导图再次复习的时候，能减少你重新归纳总结知识的时间。另外，生动的思维导图，还能将重点、难点一目了然地呈现在面前，提高你的记忆效果。

思维导图的运用范围很广泛，我们记笔记、开会发言、商场买东西时都可以使用。

使用思维导图进行记忆，需要掌握以下基本知识。

1. 充分理解所要记忆的材料

思维导图记忆法需要将知识画成逻辑关系图。绘画之前，只有充分理解知识，你才能知道它们之间的逻辑关系。

如果拿到一份材料，不理解材料之间的逻辑关系，只是凭着感觉盲目地画思维导图，你会发现它们的关系很混乱，理解起来也不方便，记忆起来会更加困难。

因此，你首先要对材料进行充分的梳理，弄明白材料之间的所有关系，才有可能画好思维导图。

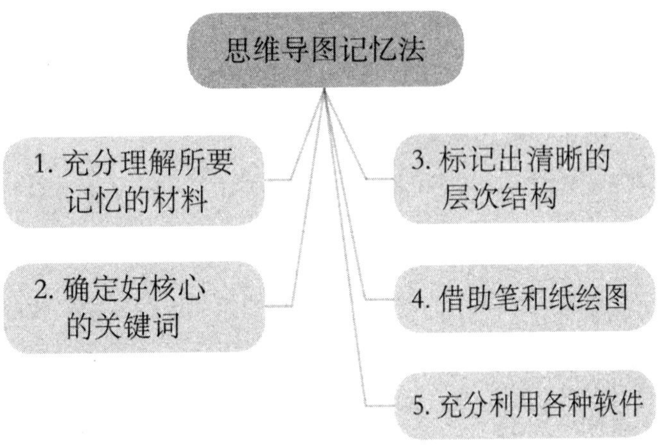

2. 确定好核心的关键词

画思维导图的时候，不需要将所有知识点全部罗列出来，只须提炼出重要的关键词，然后将关键词所涉及的知识点联系起来，利用发散性思维记忆相关的知识。

你可以根据材料的性质、主题等来提炼关键词。例如，你要背诵一篇文章，可以先将文章分成几个段落，提炼出每个段落的关键词，再根据关键词来背诵文章。

3. 标记出清晰的层次结构

思维导图包括中心图像和分支图像两部分。你可以把最重要的知识放在中心点，接着用一级分支、二级分支、三级分支等与中心图连接起来。

连线的时候，不要使用直线。每条线上需要写好关键词，以便看到关键词后能更好地记忆起具体内容。无论你最终画成什么样的图形，整体层次结构都要清晰，让人一看就懂。

4. 借助笔和纸绘图

理解好记忆的材料后，你可以画出一幅思维导图。为了帮助自己记忆，根据材料内容的重要性和紧急性，可以选用不同颜色的笔来画图。

可以选择粗细不同的笔，纸则是大小适当即可。要注意的是，在画的过程中要适当留白，以便日后的修改和添加。

5. 充分利用各种软件

除了亲自动手画图外，你还可以在电脑或手机上下载相关软件来画图。在电脑 PC 端可以下载 Mind、Administrate、Germinate、Free Mind 等软件；手机中，可以使用的 app 软件有 Mind、思维导图、思维简图等。对此，你不用全部下载，只须选择一款自己喜欢的就好。

思维导图法主要依赖脑神经生理，与传统的笔记学习法有显著的不同。运用思维导图，不仅能让我们告别枯燥的记忆，还能有效提高我们的理解力、创造力等。

调查显示，越来越多的职场人在项目企划、问题分析与解决、会议管理等方面都会运用到思维导图，加深对知识的理解。

五、概括记忆法：充分发挥记忆的潜能

与人交流，对方讲了多少话不重要，重要的是，他讲了哪些内容，你能不能概括出他想表达的核心意思。

如果交谈时，你一直在认真听对方讲话，却没有听出对方谈话的主旨，你们的谈话注定是一场失败的交流。

我们记忆材料时也是一样，如果不懂得抓关键、抓主要内容，只知道盲目记忆，没有在大脑中形成系统的框架结构，记得再多，也不会保持太久。

唐磊是一家出版公司的总经理，他有个毛病，就是说话从来不说重点，喜欢东说一句西扯一句，让人摸不着头脑。

部门开会的时候，即使大部分员工打开录音笔，开完会后反复听，也不知道唐磊说了些什么。所以每次开会，员工都感到非常痛苦。

只有策划总监龙琴是个例外，不管唐磊讲得再复杂难懂，她都能准确地把握他的意思。当看到员工不理解自己说的观点时，唐磊就会请龙琴来总结。

今天早上的会议中，唐磊的老毛病又犯了。他讲了半天，员工在下面一直摇头，表示没有听懂。唐磊很无奈，只好把龙琴叫起来："你来给大家说说，我讲了些什么。"

龙琴站起来，润了润嗓子，说道："唐总主要讲了三点：一是抓紧工作，完成本月的最后一期期刊；二是做好元旦晚会的准备工作；三是写好年终总结报告。"

"没错，龙琴说得非常到位，我想表达的就是这三点。"听完龙琴的话，唐磊露出了满意的微笑。

会后，同事忍不住抱怨，说唐总的普通话不标准，讲话又没有条理，就问龙琴，为什么她每次都能理解唐总的话。

龙琴笑着回答："那是你们不懂得概括记忆法，只要记住唐总每句话里的关键词，学会串联总结，自然就能理解他所说的话了。"同事忙向她请教怎样使用概括记忆法。

我们的短时记忆有限，在不对记忆材料加工的前提下，很难对一份材料做到过目不忘。

与人交流时，你不可能将对方的话一字不差地全部记下来，但可以根据某种记忆方法，比如概括记忆法，将他的话大致叙述出来。

同样，记忆某种材料时，你无须全部记住，只须概括材料的重点，根据这些要点进行针对性记忆，记忆效果才会更好。

晚上，郝冰和表妹从电影院走出来，她们刚看完一部叫《误杀》的电影。

回家的路上，表妹忍不住感叹："这部电影太精彩了，不管是剧情、台词还是人物的表演，非常值得打 call。"

起初，郝冰只是低着头玩手机，没有跟表妹说话，直到表妹将电影的情节复述出来后，她才放下手机。

郝冰一脸诧异地看着表妹，问道："你竟然能把所有的细节都复述出来，难道你刚才在看的时候一直在记剧情？你真厉害，记忆力真好！"

"这有什么难的。这部电影的主题是误杀，包括误杀前、误杀中、误杀后三个阶段。电影主要讲的是误杀带来的后果，围绕男主如何拯救家庭、保护家庭来展开，记住这些关键点就可以了！"表妹一脸得意的样子。

郝冰感到不可思议，又问道："你是看完电影才临时想到全部剧情的吗？看电影的时候，你并没有刻意去记吧？"

"当然。这部电影的剧情很容易让人记住，我只是先概括好主题，接着对主题进行扩展，再回忆相关内容，这样就记住了整部电影的剧情。”

听了表妹的话，郝冰相信表妹那惊人的记忆力，原来是她掌握了记忆方法。

记忆材料时，我们先阅读理解，抓重点与方向，把精华提炼出来，形成一个或一组简单的信息符号，这就是概括记忆法。它不仅能让我们明确记忆目标，更能减少记忆的难度，提高记忆效果。

概括记忆法主要有以下几种：内容概括法、主题概括法、缩略概括法、顺序概括法、数字概括法、简称概括法等。下面主要介绍前面四种方法。

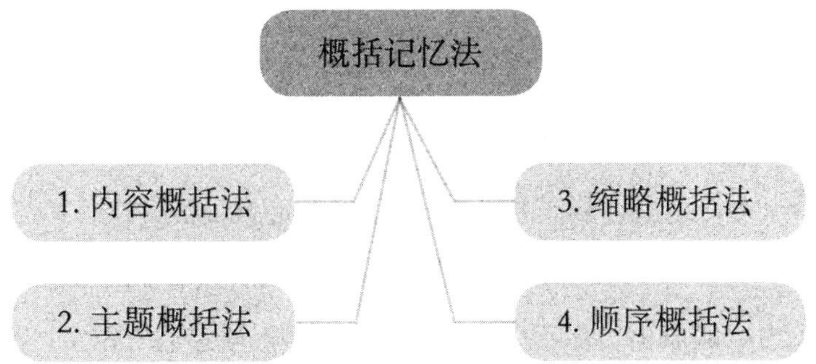

1. 内容概括法

背诵一篇文章时，你要先看文章的题目，找出每个段落的主题句，试着弄懂作者的行文逻辑，厘清文字背后的意思，再顺着文章的层次概括出主要内容。之后，再有计划地去记忆，效果会事半功倍。

2. 主题概括法

观看一部电影，欣赏一首歌曲，阅读一篇优美的文章，如果你认真思考，会发现它们都有某个主题。

假如给人描述一本书，你会怎样做？最好的方法是，先介绍说这本书的主题是什么。之后，围绕这个主题，作者安排了什么样的内容，你得到了什么样的启发。

记忆材料时，我们要尝试用自己的话概括出材料的主题，再根据主题进行延伸，一点点回忆起细节部分。用“主题概括 + 细节内容”的方式去记忆，你发现会变得简单许多。

3. 缩略概括法

面对复杂的材料，你可以试着对较长的词语、名称、概念予以简化和省略，再展开记忆，压力会减轻不少。

例如，记忆中国四大佛教圣地：九华山、五台山、普陀山、峨眉山，你不必一一背诵，只须提取它们的首字，组成“九五之尊，普照峨眉”进行巧妙记忆。

同样，要记忆中国四大石窟：云冈石窟、龙门石窟、麦积山石窟、莫高窟，你可以将它们的首字连在一起：云龙卖（麦的谐音）馍（莫的谐音）。

通过这样的缩略概括，记忆是不是变得简单了？

4. 顺序概括法

当记忆材料有明显的逻辑顺序时，你可以用顺序概括法来记忆，加强记忆效果。

例如，要记忆王安石变法的具体内容：①青苗法；②募役法；③农田水利法；④方田均税法；⑤保甲法。

材料中有五项内容，你可以将其概括为：一青、二募、三农、四方、五保。把每个顺序后面的字背熟，以后只要想起“一青、二募、三农、四方、五保”这几个字，也能顺利想起细节内容。

任何一种概括记忆法，都建立在阅读理解的基础之上。记忆时，千万不要在对材料一无所知时就去盲目概括，这样会漏掉很多重要的信息。

当你对材料概括时，还需要记住以下几点：用语简略，内容凝聚，重点突出。

掌握了这几点，无论面对多么复杂的内容，你都有办法抽丝剥茧，将材料进行有机重组，实现高效记忆。

六、宫殿记忆法：把记忆放到熟悉的地方

也许，曾经的你总是不理解为什么记忆高手能够记住那么多信息，难道他们真的有过目不忘的大脑？

不，记忆高手和我们一样，他们只是懂得使用记忆方法，将材料迅速储存进大脑，并能迅速提取出来而已。

有一种记忆法叫宫殿记忆法，它的功能非常强大，是每一个记忆高手必须掌握的。

赵鹏的理科学习非常好，他最喜欢的科目是数学，尤其是几何学。因为喜欢几何，他在空间方面的记忆有着与众不同的天赋。

只要是赵鹏去过的地方，他永远不会忘记行车路线。每次跟朋友自驾游，赵鹏提前将目的地的地图看过一遍，就能将朋友顺利带到目的地。

赵鹏说：“我也不知道是怎么回事，只要是关于空间的事物，我看一遍就能记住。”

朋友高原问他：“你知道宫殿记忆法吗？你是不是很熟悉，能不能给我讲讲？”

赵鹏思考了几秒，回答道："宫殿记忆法，是一种空间记忆法。比如，你要去商场购买这些物品：书、西瓜、扑克牌、吹风机、衣服、耳机。为了记住它们，你可以采用宫殿记忆法。

如果你选择的宫殿是自己的卧室，当你打开卧室，会依次看到床、书桌、电视机、衣架、电插座、墙壁。将上面的物品依次放到卧室里：书在床上；西瓜在书桌上；扑克牌在电视机旁；衣服在衣架上；吹风机在电插座上；耳机在墙上。买东西的时候，你仔细想想卧室，便能将要购买的物品回忆出来。"

听赵鹏说完，高原笑了："难怪你记忆好，原来真是用了宫殿记忆法。"

宫殿记忆法并不神秘，它主要是利用大脑中熟悉的场景和建筑物（如家里摆放有序的物品），将它们当作"记事本"，记录"形象化"的信息。

使用宫殿记忆法的时候，需要提前找好"记事本"，也就是给信息定好位，方便储存信息。定位包括：地点桩、数字桩、身体桩、文字桩等内容。其中，运用最广泛、容量最大的是地点桩。

上述故事中，赵鹏所选择的"卧室"就属于地点桩。自己的卧室是他最熟悉的场景，只要将记忆信息储存在卧室，提取时自然易如反掌。

星期天，庞新参加了出版专业资格考试。从考场走出来的那一刻，他露出了满意的笑容。

在考场外等候的朋友见庞新笑得很开心，问他是否有希望通过考试拿到资格证。

“放心吧，没问题。”庞新无比自信地回答。

朋友却替他担心：“你知道吗？出版专业资格考试是有难度的，你才复习了一周，要两门科目同时考120分才能算通过……”

庞新打断朋友的话，说道：“我最怕的是计算题，结果，我的计算题没有任何问题。考试前，我将计算题的全部公式分别放到客厅的沙发、茶几、电视机上，每天反复记忆。刚才做的几道题，公式我全部用对了，计算过程也不复杂，这次考试我一定能通过。”

“所以说，你用了宫殿记忆法来复习？”朋友诧异地问道。

“对，我担心计算题会丢分，所以备考时结合宫殿记忆的知识，加强对公式的记忆，没想到还真的帮到我了。”庞新笑了笑，接着又说，“回去后，我得再认真学习一下宫殿记忆法。”

使用宫殿记忆法时，许多人存在这样的误解，认为空间记忆非常神秘，只适合天才去练习，普通人练了也没有效果。

也有人认为，掌握知识的关键在于理解，宫殿记忆法只是孤立的记忆，不能对实际生活中的记忆提供有效帮助。其实，这两种观点都不正确。

首先，空间记忆是每个人与生俱来的能力，只是因为误解和偏见，加上没有人引导，才使得它的潜在能力没有得到真正发挥。

其次，宫殿记忆法并不是孤立的记忆，它是将特征物与记忆材料有机地联结在一起，从而加强记忆效果。正确使用宫殿记忆法，需要建立好地点桩，掌握一定的步骤。

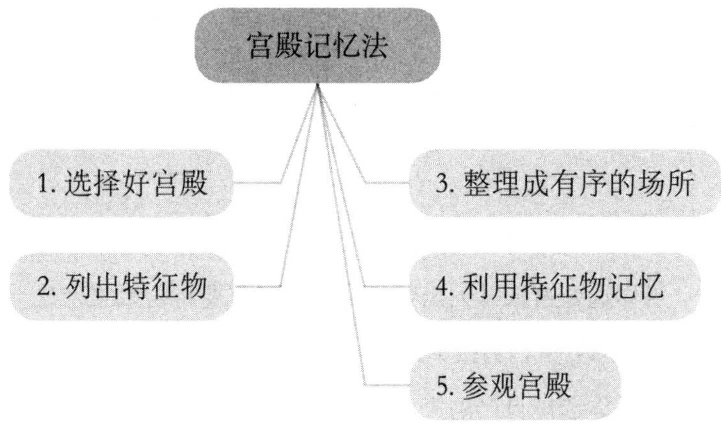

1. 选择好宫殿

要想掌握宫殿记忆法，最重要的是找好宫殿，再将记忆材料放到宫殿里的固定位置。宫殿可以是现实中存在的物体，也可以是幻想出来的虚拟物。

只要你对宫殿里的布置很熟悉，任何时候都能瞬间回忆出来，就可以将它选为你的宫殿。通常来说，我们比较熟悉办公室、客厅、书房、卧室，可以使用其中一个当作自己的宫殿。

2. 列出特征物

所谓特征物，是指宫殿中令你觉得有印象的物品。你可以根据这些物品，来回忆宫殿里所有物品的摆放顺序。

比如，你选的宫殿是书房，推开书房的门，第一眼看到的是什么物品，第二眼看到的是什么物品，再根据你的视线顺序将它们的位置全部记起来，并牢牢记住。要注意，特征物的数量要适中，一般选 10 个即可。

3. 整理成有序的场所

当你选好宫殿并列出特征物，接着需要将宫殿整理成一个有顺序的场所，为接下来的记忆做好准备工作。

如果你选择自己的家来当宫殿，推开房门，首先看到的是什么，其次看到的是什么，最后看到的是什么，根据它们出现的顺序排列出来。比如，一是灯，二是客厅的茶几，三是沙发，四是空调，五是电视机。

4. 利用特征物记忆

完成前面的步骤，你可以开始记忆材料了。这时候，你需要将记忆的材料与宫殿中的特征物联系起来。

比如，你想好了书房是宫殿，想要记忆钱包、雨伞、书本、钢琴，可以将钱包放在台灯1的旁边，雨伞放在茶几2的旁边，书本放在沙发3的上面，钢琴放在电视机5的旁边。

当要记忆钱包、雨伞、书本、钢琴时，你可以根据它们存放的顺序1—2—3—5进行记忆。如果你忘记了数字，可以通过回忆它们的特征来记忆。

为避免记忆材料彼此之间发生冲突，使用宫殿记忆法时，一定要选择你最熟悉的场所进行记忆，将欲记材料与原有场景产生联想与互动，才更容易实现高效记忆。

5. 参观宫殿

把记忆材料与宫殿联结，最后需要再参观一遍宫殿。从第一个特征物直到最后一个，你需要依次记清它们的形状特点。之后，你再记忆材料时，只须按顺序记忆特征物就能达到目的。

宫殿记忆法属于右脑形象记忆法，它的存储量很大，可以用于记忆许多信息。很多记忆大师正是因为掌握了宫殿记忆法，才记住了大量的信息。

宫殿记忆法，并不局限于只有一个宫殿，它可以是学校、街道、办公楼等建筑物。只要你对这些“宫殿”的外部构造或者内部布局做到随时回忆，它们都可以被你拿来记忆。

一般来说，记忆高手的大脑中储存有非常多的宫殿。他们能通过特征物与欲记物的关系，灵活地选择宫殿，迅速地建立联结，达到快速记忆的目的。

只要我们牢牢掌握一种宫殿记忆法，勤加练习，也会给自己的记忆带来实质性的帮助。

七、情景记忆法：把记忆设计成难忘的情景

仔细回想，是否有些事情即使相隔很久，你回忆起来依然清晰如昨，仿佛它们不会随着时间推移而变得模糊？

还记得第一次春游吗？还记得大学毕业典礼那天的场景吗？还记得结婚当天自己的心情吗……相信你一定记忆犹新，多年过去了，还能说出其中的细节。

事实证明，我们的大脑对亲身经历过的、有重要意义的情景，会格外关注。心理学中，有种记忆方法叫情景记忆法。

下班后，胡艳打开QQ音乐，准备听一会儿歌再走。QQ群里的网友正在玩“成语接龙”游戏，输的那个人要在群里发红包。

“成语接龙”是胡艳最喜欢玩的游戏，从小到大还从未输过。她没有犹豫，果断进群，与网友们玩了起来。

一个小时后，胡艳成了最后的赢家。网友们对胡艳的成语储备量感到佩服，问她平时是如何积累的。

胡艳笑着回答：“背成语是有方法的，我喜欢用情景记忆法！”网友们继续追问：“你就别藏着掖着了，快分享给我们听听。”

“比如，当你要记忆下面的成语：海阔天空、情非得已、一无所有、无地自容、坚持不懈、名扬四海。

“你可以想象自己参加学校的歌唱比赛，先后在舞台上唱了Beyond的《海阔天空》、庾澄庆的《情非得已》，自我感觉不错。当听到别人完美地演绎了歌曲《一无所有》，得到全体观众的欢呼后，你觉得自己真的是无地自容，暗暗发誓以后一定要坚持不懈地练习唱歌，让自己名扬四海……”

胡艳还没有说完，网友小宇抢着说：“我明白了，你的意思是在记成语的时候想象一些有趣的情景？”

“是的，你想象的情景越生动有趣，成语会记得越牢固。”胡艳说完，网友们表示很有收获，给她发了无数的鲜花表示感谢。

成语是中国语言的特色之一，它往往代表一个故事或典故。我们与人口头交流、书面写作时，正确运用成语，将使我们的表达更加形象生动。

也许你认为，只有靠死记硬背才能记住成语。但当你掌握了情景记忆法后，会发现记成语不再痛苦，反而是件愉快的事情。

情景记忆又称事件记忆，是由加拿大心理学家图尔文在1972年提出的概念。图尔文指出，情景记忆接受和储存关于个人在特定时间发生的事件、情景及与这些事件发生时间、空间相联系的信息。

简单地说，情景记忆是个体亲身经历的、发生在一定时间和地点的事件（或情景）的记忆，它是由自我、自我觉知和主观时间组成的唯一指向过去的认知神经系统构成的。

情景记忆运用得好，会给我们的学习、工作、生活带来巨大的便利。

薛萍是一名诗词爱好者，只要有空，她就会随手翻看诗词方面的书籍。就连平时和闺密们聚会，她也会捧着一本古诗词书。

某个周末，薛萍与几个朋友在公园聚会。张晨问大家：“近期你们看《中国好诗词》的节目了吗？那个‘飞花令’环节太精彩了。”

“这么火的节目当然看过了。”小凡立刻抢着回答。

张晨继续问道：“你们不觉得选手都很棒吗？他们参加节目，脑海里得存多少诗词量呀？”

这时，所有人将目光看向薛萍。小凡问道：“薛萍，我们都知道你喜欢诗词，对此你有什么看法？”

薛萍放下手中的书，轻声地回答：“其实，背诵诗词一点儿也不难，我教你们一个方法。比如，背诵唐代诗人刘长卿的绝句《逢雪宿芙蓉山主人》：‘日暮苍山远，天寒白屋贫。柴门闻犬吠，风雪夜归人。’你可以想象自己是诗中的作者，天快黑了，路途还很遥远。你投宿主人家，柴门外狗在叫，风雪夜中主人正归来。由画面代入，将自己想象成故事中的人，再难的古诗也能迅速背下来。”

众人没有说话，都在埋头沉思。薛萍又说：“这种方法叫情景记忆法，你们试试用这种方法记诗词会有神奇的效果。”

小凡听完，将自己最近读过的古诗词《天净沙·秋思》背了一遍，发现结合情景记忆法来记忆，印象更深刻。她忍不住夸赞薛萍：“你讲的这个方法不错，我以后一定要多使用。”

心理学家研究发现，情景记忆的编码主要与大脑的左半球有关，提取主要与右半球有关。

情景记忆属于远事记忆范畴，是人类最高级、成熟最晚的记忆系统，但它是每个人的“自传性记录”，拥有独特的脑定位。我们记忆材料的时候，如果懂得运用情景记忆，定会有意外收获。

大量研究证实：与其他记忆系统相比，情景记忆的独特性不仅表现在提取信息时伴随自我觉知、指向过去，还表现在对内容印象深刻，保持时间更持久。

这是因为，人在体验情景的过程中，会产生积极或愉快的情感体验，这些情感体验对识记的数量、速度、持久性等方面会产生重要的影响。

使用情景记忆法时，我们需要注意以下问题。

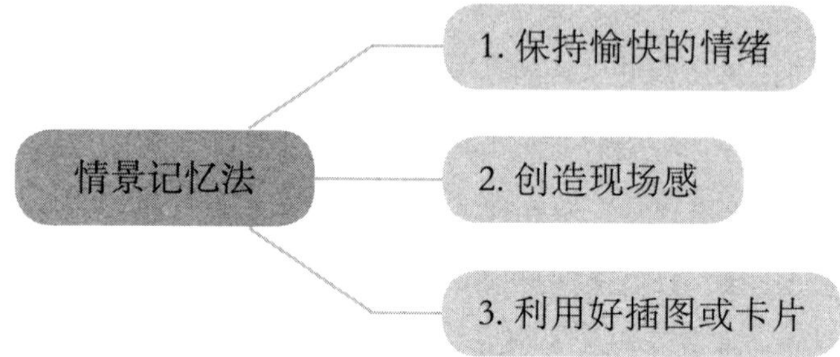

1. 保持愉快的情绪

积极、愉快的情绪下，个体学习知识的效果会比在郁闷、悲观的情绪下好很多。这是因为，愉快的情绪能使人产生旺盛的求知欲，大脑的再现和再认功能也会被激发，记忆力会明显增强。

2. 创造现场感

越是亲身经历的事情，越会铭记于心。知识枯燥，没有形象生动感，只会让人觉得厌烦。再重要的知识，如果枯燥乏味，我们也不想花时间去记。

那些有现场参与感的知识，会极大程度地激发个体投入兴趣——你越是参与其中，对它的记忆越是深刻。

3. 利用好插图或卡片

有时候，一幅画、一句歌词能打动我们，大多是因为它们有画面感，能让我们记起那些对自己有深远影响的故事。

记忆材料时，可以在材料旁边配上插图或者卡片，这样可以丰富材料的信息，也能加强我们对材料的好感，让我们的记忆妙趣横生。

掌握情景记忆并不难，你只须记住：情景记忆涉及个人生活中的特定事件，它所接收和保存的信息总是与某个特定的时间和地点有关，并以个人的亲身经历为参照。

只要你懂得创造出难忘的情景，发挥情景记忆法的魔力，记再多的材料都不在话下。

/ 第五章 /

如何才能练就超级记忆法

谁都想拥有高效的记忆力，可高效记忆力并不是说有就有。扪心自问，你的联想能力好吗？思维敏捷吗？

高效记忆，要结合联想、思维等能力而展开。如果你没有掌握提高记忆力的正确方法，想进行高效记忆只能是白日做梦。

一、请不要总是死记硬背

从记事起，我们经历过的人和事都会在脑海中留下痕迹。有些事，即使隔了多年，你依然对它们记忆犹新。

同样记忆一份材料，有的人只要看一遍就能立刻记住，有的人无论记了多少遍也还是会忘记。

许多人对此不能理解，自创了许多记忆方法都失败了；他们认为死记硬背法一定能成功，结果却总让自己大失所望。

毕业五年来，王娅一直在一家新媒体公司上班。随着对工作的了解，王娅觉得自己没有了挑战性，就有了新的职业规划，想当一名英语老师。

为了能成功考取教师资格证，每次考试之前，王娅都会努力复习。连续考了两年，王娅都顺利通过了笔试，不巧的是，两次试讲环节都被刷了下来。

王娅考的是英语教师资格证。考试时，她抽到一道语法知识，要求在规定时间内面对考官做一堂模拟试讲课。

每次讲到中间环节，王娅总是哑口无言，不知道如何继续下去。事后，老师提醒她要在平时练习好自己的口语。

下周六早上，王娅将进行第三次教师资格考试试讲。

王娅将常考的语法考点背了无数遍，心想："考的就是这些知识，我不信这次还不能通过。"

试讲那天，王娅抽到的考题是：请用英语给中学生讲解非谓语动态的用法。

接过考题，王娅在黑板上写了一段英文，然后开始了她的试讲。才讲了不到三分钟，她就卡住了，站在黑板前不知所措。最后，她只能用汉语加英语的方式，勉强讲完考题。

很不幸，因为没能按规定用全英语试讲，王娅再一次与英语教师资格证失之交臂。

知识是死的，人是活的。考试时，我们要懂得灵活变通，将脑海里储存的知识有效地提取出来。

不能想着靠平时的死记硬背就能临场发挥，应付过关。如果王娅懂得加强自己的英语口语表达能力，将所有的考试知识点提前背诵，多练习在教室里给学生上课的情景，她在教师资格考试试讲的时候自然能顺利通过。

炎热的下午，葛斌拿着简历在某大厦的会议室里等候着，他要参加S公司的面试。

S公司的福利好、待遇高，许多毕业生都听过这家公司的名字，梦想着能进入这家公司工作。

得知葛斌从300名应聘者中胜出参加面试，朋友提前给葛斌发了一份面试攻略，说只要他按着上面的步骤回答问题，保证顺利通过。

葛斌看了朋友发来的面试攻略，上面写的答案通篇一律，没有一点儿新意，完全不适合自己。他决定放弃这份攻略，按自己的方式去面试。

面试现场，人事部经理问了葛斌这样的问题："相比其他面试者，你觉得能进入我们公司有什么优势？"

"首先，我是研究生毕业。在研究生阶段，我参与了导师的多项课题，对贵公司的工作领域有一定的了解。其次，我有一颗积极学习的心，进入贵公司后会更加努力学习，早日跟上公司的步伐。最后，我愿意跟公司共同成长！"

听完葛斌的回答，人事部经理露出了满意的微笑。

"下一个问题，你刚来我们公司，给你的薪水可能不太高，这方面你有什么想法？"人事部经理接着问。

葛斌大方地回答："没关系，作为职场新人，薪水是次要的，我更需要的是学习。相信将来我成长了，能给公司创造价值了，公司会重新考虑我的薪水。在此之前，我只想踏实学习，努力进步！"

人事部经理听完，再一次露出了笑容。第二天，葛斌收到了S公司的offer，成为公司的职员。

如果葛斌只知道死记硬背，按照朋友给的面试攻略回答经理的问题，虽然有可能回答得毫无破绽，却不一定会被人事部经理喜欢。

人事部经理需要的是一个能灵活回答问题、有主见、有想法的面试者。如果你死记硬背，回答的时候难免有背诵的痕迹——你不能将准备的答案流利地背诵出来，回答的时候吞吞吐吐，只会弄巧成拙，让人事部经理认为你不符合公司的招聘标准，从而与这次求职彻底说“再见”。

从整体来看，大脑进行记忆的过程，与计算机处理信息的过程非常相似。

计算机处理信息时，通过鼠标、键盘这类外接设备输入信息，再根据信息的编码，将其转化成可识别的信号，存储在内存、硬盘等地方，有需要的时候再提取出来。

与计算机不同，人类记忆材料包括编码、储存和提取三个过程。用死记硬背的方式进行记忆，只能保证记忆进入了大脑，并不能保证提取信息时能顺利地从大脑中提取出来。更关键的是，死记硬背是一种枯燥记忆。

如果没有提前对材料消化吸收，无论你花了多大的精力，最后只能换来记得不牢固以及回忆不出来的后果。比如，将你记住的材料打乱，换一种方式考你，你会感到无法回答。

- 摆脱死记硬背
  - 1. 学会灵活编码
  - 2. 给记忆材料加颜色
  - 3. 让大脑保持充足的水分

在平时的工作和生活中，我们要懂得改变思路，摆脱死记硬背的笨方法，运用正确的方法进行记忆。

1. 学会灵活编码

要想持久保存记忆效果，编码的时候就要懂得采用多种方式，给你的记忆加强印象，增强记忆效果。

编码很简单，主要是根据记忆材料的性质充分发挥想象，利用知识积累进行加工。

举例来说，当你要记忆一段文字材料时，可以将材料编成口诀、图像、公式等来记忆。只要经过编码后你能快速记忆，任何一种编码方式都可以采用。

2. 给记忆材料加颜色

丰富的颜色信息会刺激大脑，从而加强记忆。所以，大脑对丰富的色彩很敏感，在平时记东西的时候，你可以根据色彩进行记忆。

背诵重要的材料时，你可以采用红色、蓝色、绿色等不同色彩的笔，在材料上画下重点之处。当然，你也可使用不同颜色的纸张抄录笔记。

事实证明，丰富的颜色会让你的材料看起来很舒服，记起来也会快一些。

3. 让大脑保持充足的水分

记忆知识时，来自视觉、听觉、味觉、触觉的信息传到大脑会形成电信号，经过层层转化后，在不同的神经元网络中通行形成记忆。

信号之间的传播，如同化学物质在水中流动一样。如果一个人没有保持足够的水分，不仅无法集中注意力，也会影响到记忆力。因此，日常生活中，你要养成多喝水的习惯。

神经元是大脑记忆的物质基础，人的大脑内装有大量的神经元供我们使用。不要担心自己的记忆不好，只要充分发挥记忆潜能，你也能变成记忆达人。

千万别总想着用死记硬背的方法记东西，这只会让你吃苦头，得不偿失。

二、善于利用记忆的规律

一般的信息记忆很难永久保存，因为我们在记忆材料时，大脑会选择性地对材料进行处理。经过一番处理，大脑会记住那些印象深刻、有意义的材料，忽略那些没有意义的。

如果你只是使用记忆方法盲目地进行记忆，而不懂得遵循记忆规律并灵活使用，记忆效果自然会大打折扣。

丁浩最近遇到了一个难题，他的女儿是一名小学二年级的学生，数学严重偏科，每次考试都是班级倒数几名。

这天下午去开家长会，老师对丁浩说："你的女儿数学这门科目没学好，连基本的乘法口诀都不会，你们做家长的平时要加强辅导呀！"

回到家，丁浩拿出乘法表，要求女儿背诵给他听。结果，女儿总是背不完整，每次背到"七八五十六，七九……"便卡住了。丁浩对女儿训道："这么简单的乘法口诀都背不好，今晚背完了才能吃饭。"

同事老裴知道这件事后，告诉丁浩："记忆是有规律的。你别再强迫你闺女死背乘法口诀了，而要学会引导，先让她对乘法口诀产生兴趣。"

丁浩想了想，觉得老裴说得有道理。于是，他改变了教育方式，仔细地给女儿讲解乘法口诀的来历，还在网上找到乘法口诀的动画视频播放给女儿观看。

不到两天，女儿竟然奇迹般地背会了乘法口诀。经过这件事，丁浩明白了一个道理，结合记忆规律给女儿进行辅导，她的数学成绩定能提升。

心急吃不了热豆腐。不管是学习还是做事，我们得明白，只要在正确的路上一直努力，相信自己终有一天会成功。

记忆材料的时候，首先你不要想着速成，而是思考自己的记忆有哪些特点，哪些记忆规律可为自己所用。

徐丹背了两个月的英语单词，总感觉效果不理想。看看时间来不及了，因为下周六她就要参加英语六级考试了。

倍感焦虑的徐丹找学姐求教："为了背单词，我看了许多英语书籍，听了无数遍的英语 BBC 音频，可还是没有背下多少单词。"

学姐问她："你是如何背诵单词的？每天有复习吗？"

徐丹想了想，说："我将每个单词的音标、汉语意思抄写三遍，背完就不再理会了，没有复习。不过，我每天晚上会看英语书，听英语音频。"

"你不能只是简单地背诵，还得及时复习。如果只是死记硬背英语单词，不去消化吸收，当然会忘记。所以，你在看英语书籍、听英语音频的时候，要学会把感兴趣的句子抄写下来，反复记忆。有时间的话，还要多做英语六级真题的阅读，在阅读中记单词。"学姐语重心长地说道。

徐丹听从了学姐的建议，最终成功通过英语六级考试。

夸张的漫画、催人泪下的电影，我们最容易记住。心理学家研究发现，越是强烈、新鲜的刺激，越能激起人的兴趣，越能让人迅速记住。

记忆材料的时候，如果你将材料编得荒诞离奇、忍俊不禁，这时只须记一遍，你就能长时间记住。这是使用了记忆规律中的强化规律。

记忆规律中除了有强化规律外，还有许多规律。要想拥有好的记忆效果，我们必须懂得结合记忆规律来记忆。

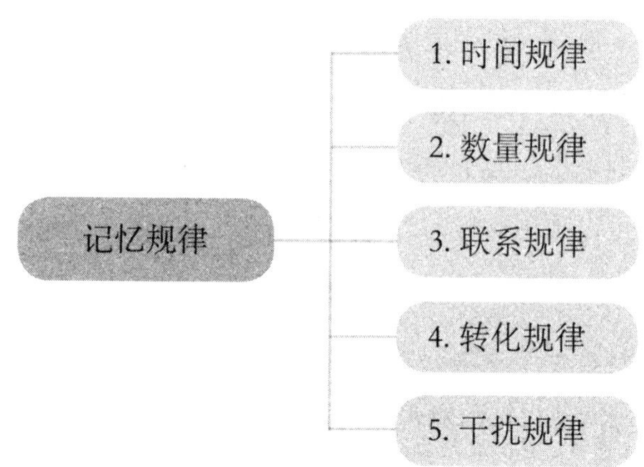

1. 时间规律

研究表明，记忆的材料会随着时间的延长而有所变化。如果能及时重复记忆的材料，重复的次数越多，保持的记忆时间就越长。

拿背英语单词来说，英语单词背完后，隔 30 分钟复习一遍，当天睡觉前复习一遍，第二天早起再复习一遍。通过这样的积极复习，记忆效果会更持久。

学会利用记忆的时间规律，在 10 ～ 30 分钟、8 ～ 24 小时、3 ～ 6 天这样的时间点内重复记忆，以达到加强、巩固的效果。

2. 数量规律

要想一次性记忆数量庞大的材料，只会加重大脑的负担，并不能迅速地记住材料。你应该学会将材料合理分化，每次只记住一部分，积少成多，最后再记住整个材料。这就是记忆数量规律的具体运用。

举例来说，为了顺利通过考试，需要记忆一本书的内容时，你可以采用这样的方法：首先对整本书进行归纳总结，分出重难点章节，再将章节细化，每天只记其中一章。

只有学会不贪多，减轻记忆的任务量，从小部分着手，才能达到高效记忆的效果。

3. 联系规律

记忆的材料之间通常有某种联系，试着找出记忆材料之间的联系，再辅助记忆方法，你想记忆任何知识都不会太难。

联系通常包括接近联想、类似联想、对比联想、因果联想等，只要你肯花时间去分析要记忆的材料，就会很快找到它们之间的关系。

要知道，任何新知识都是在原有知识中发展和衍生出来的，学会发挥想象，主动找到它们的某种联系，你便能巧妙地将知识融会贯通，达到高效记忆的效果。

4. 转化规律

信息进入人脑是一种不断巩固、消化和吸收的过程。所以记忆文字的时候，将文字想象成图片来记忆会更有效，因为你使用了记忆的转化规律。

记忆是由瞬时记忆到短时记忆，再到长时记忆的过程。在这三个记忆过程中，大脑对信息进行加工、处理。信息转换得越快，储存在大脑长时记忆系统的时间越快，记忆保持的效果会越久。

记忆材料的时候，要思考如何才能加快记忆的转化过程。学会根据材料的特点，思考出最合适的记忆方法，将材料编码成形象生动、印象深刻的材料，达到长期记忆的效果。

5. 干扰规律

先学习法语再学习英语，学习过程中你会受到干扰。因为这两种语言存在不同的特点，它们的语法、读音规则等会在某些方面产生影响。

正如学习会产生正迁移和负迁移一样，干扰也有正干扰和负干扰。如果前后两种信息有互相加强的作用，称为“正干扰”，相反，如果前后两种信息互相干扰，称为“负干扰”。

记忆时，学会根据材料的干扰性来记忆，最好是利用正干扰科学地组织材料，实现高效记忆。

熟练运用记忆规律，能帮助我们记忆材料时变得更加简单。下次记忆时，记得先找出记忆规律，再结合记忆方法进行快速记忆。

三、培养丰富的想象力

想象是一双翅膀，可以带我们飞到任何想去的地方。

的确，想象力是人类最奇妙的一种能力。是否拥有丰富的想象能力，对每个人的学习、工作以及生活都起着至关重要的作用。

神话故事、科幻小说、各种发明都与人类的想象力有关。我们在记忆材料的时候，如果懂得发挥想象力的作用，将枯燥的材料变得有趣，记忆起来会简单许多。

于薇是一个记数字的高手，11 位数字的手机号码，她看一遍便能立刻记住。因为对数字感兴趣，上大学时她选了会计学专业。

有一次，于薇陪朋友去银行存钱。到了银行，朋友才发现不小心拿错了银行卡，只好转身离开，准备改日再来。

没想到，于薇拉住朋友的手臂，对她说："我记得去年向你借过钱，过后还钱时我是汇到这个银行的银行卡，我能记下来。不信我说给你听，你去自动柜员机上输一遍试试？"

于薇随后告诉了朋友一串数字。朋友走到柜员机上输了一遍，果然输对了，就高兴地办理了无卡存款手续。

事后，朋友对于薇说："你去年向我的银行卡汇过钱，居然到现在还能记住卡号，你也太神了！"

"其实，我是懂一些记忆方法。比如数字357771030。山五（35）是我的朋友，我们约好七月初七（77）那天，去（7）十（10）字路口的那家商店买30斤大米。这样一来，我只须记住故事，就毫不费力地记住这串数字了。"

朋友听完，佩服地说："高手果然是高手，向你学习。"

于薇之所以能长久记住数字，是因为她懂得发挥想象力，将数字编成故事，用故事来记忆。如果你有丰富的想象力，也能做到像于薇一样厉害。

心理学中是这样定义想象的：所谓想象，是人脑对已有的表象进行加工、改造、创造新形象的过程，属于一种高级的认识活动。

其中，表象主要是指记忆表象，即直接感知、接触某一事物后，在头脑中构造出该事物的形象。比如，回忆某位朋友时，你就能想起他的笑脸。

你对记忆表象的印象越深刻，记得也就越持久。

陈靖是一个“地理盲”，只要说到地理方面的知识，他会瞬间低下头不说一句话。时间久了，每次同事聊天说到地理的话题，都会自动忽略陈靖。

最近几次却不一样了，陈靖会主动参与到同事聊的地理话题中。这让同事们感到奇怪，问他怎么对地理感兴趣了。

陈靖神秘地解释：“我学会了一种记忆方法，突然就对记地理知识感兴趣了。谁让你们部门的人都爱聊地理知识，逼得我也要去学习。”

“说说看，你学习了什么记忆方法？”同事小楠好奇地问道。

“比如，记忆我国34个省级行政区，我会根据它们的形状想象成动物来记忆，黑龙江省像梅花鹿，内蒙古自治区像灵狐，浙江省像大象，北京市像熊，云南省像孔雀。再根据一首诗：‘三海陕藏庆新甘，四江云贵福吉安。山宁湖广河成对，川内港澳台京天。’我就能瞬间记住全部的省级行政区了。”

听完陈靖的话，小楠笑了：“以前中学老师讲过这个方法，你现在能用这个方法来记忆，比以前进步了，继续保持。”

得到同事的表扬，陈靖也开心地笑了。

现实生活中，许多人知道想象力对记忆有辅助作用，但他们认为只有小孩子的想象力比较丰富，成年人早就没有了想象力。

随着年龄的增长，成年人的想象力普遍匮乏，这是公认的事实。难道年龄越大，想象力真的越匮乏吗？其实，并不是这样。

心理学家研究表明，一个人随着年龄的增长，知识积累的增多，想象的逻辑性、具体性和全面性会有明显提升。即使你目前的想象力不好，也可以进行有意识的培养。

通常来说，想象力主要包括强烈的动机、丰富的知识积累、灵敏的外部感觉及内部感觉。

我们培养想象力，主要是使自己在无意识想象的基础上充分发挥有意识的想象，保证想象的目的性、主动性，提高想象的效率、预见性和创造性。

培养想象力，可以这样练习。

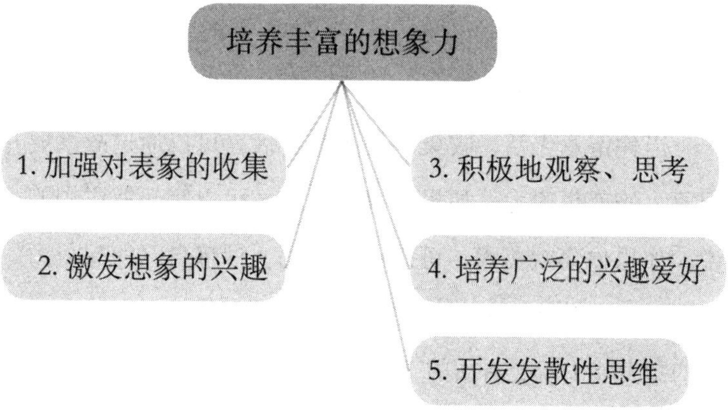

培养丰富的想象力

1. 加强对表象的收集

2. 激发想象的兴趣

3. 积极地观察、思考

4. 培养广泛的兴趣爱好

5. 开发发散性思维

1. 加强对表象的收集

就表象产生的主要感觉通道而言，表象分为视觉表象、听觉表象、运动表象等；从表象创造的程度来看，表象分为记忆表象和想象表象。一切的表象，都是想象的基础。

表象和想象之间存在这样的特点：表象越贫乏，想象就越狭窄，想象出来的形象会显得单调失真；表象越丰富，想象就越开阔，想象出来的形象会显得生动逼真。

任何想象都不是凭空产生的，它与人的经验积累有着密切的关系。一个人只有丰富的表象基础，才能创造出从未感知过的、实际上不存在的事物形象。

经验证明，参加访问、调查、旅行等活动，阅读科幻、神话类书籍，都有助于我们收集表象材料。

2. 激发想象的兴趣

有了丰富的感知材料，接下来需要将这些材料加工创造，培养和激发想象的兴趣，你的想象力才能渐渐提高。

当你留意生活，收集了许多故事后，可以通过故事展开想象，培养想象力。如果你喜欢写作，可以写一篇虚构的小说；如果你喜欢美术，可以画一幅画，锻炼自己的想象力。只要善于把感知到的材料用想象力创造出作品，久而久之，你的想象能力就会有质的飞跃。

3. 积极地观察、思考

善于观察和思考的人，通常能在人群中发现别人发现不了的奥秘。所以，一个人的观察力越强，在想象的时候越能捕捉到事物之间的联系。

观察后再思考，可以总结出独特的心得体会，不要因为一件事情看起来很普通就忽略了它的存在。当你积极观察和思考时，会有新的收获。

4. 培养广泛的兴趣爱好

琴棋书画这些爱好，不仅能陶冶身心健康，对我们想象力的提高也大有帮助。这是因为，每个兴趣爱好之间会存在知识间的融合与理解——当你学了钢琴再去学二胡，会发现学二胡变得更加容易。同理，书法与文学也存在某种关联。

兴趣爱好越广泛，你的思路就会越开阔。想象的时候，你就能受到爱好给你的启发，然后在想象的空间里自由翱翔。

5. 开发发散性思维

解数学题的时候，如果你擅长一题多解，懂得运用题目中的已知条件改变解题思路，思考出不同的解题方法，这就属于发散性思维的运用。

记忆的时候，发散性思维能有效提高我们的想象力。因为想象注重创新思考，需要联合扩展、联想等方式来创造出新的成果。

通过上面的介绍，你会发现想象和年龄并不存在必然的联系。你缺乏想象力，只是你在日常生活中没有刻意培养而已。不要觉得自己年龄大了，就彻底与想象力无缘——日本画家摩西奶奶80岁高龄了，仍以丰富的想象力创作出大量优秀的作品。

如果你也想拥有好的记忆力，不妨试着从提高自己的想象力着手。

四、练就敏锐的观察力

给你一组图片，你能第一时间看出这些图片的不同特点吗？给你一串数字，你能很快发现数字之间的规律吗？

如果能迅速回答出来，说明你拥有较好的观察力。观察力是智力的一部分，为抽象逻辑思维的发展奠定了基础。

研究发现，记忆力强的人，观察能力也很强。

周末，夏琳约庞英玩“密室逃脱”游戏。

庞英听说这款真人游戏很火爆，许多年轻人特别爱玩。但想到自己的游戏天赋一向不好，她就找理由拒绝了。不料，夏琳还是把她强行拉上了出租车，劝道：“你和我的记忆力都不错，‘密室逃脱’难不倒我们。”

到了游戏店里，夏琳对服务员说：“我们要玩你家店里最难的那款游戏。”服务员瞪大双眼看着她，怀疑地问道：“你确定好了吗？我们店里的‘黑色森林’难度系数最高，开业两年来还没有人挑战成功过。”

“就玩这款游戏。”说罢，夏琳拉着庞英潇洒地进了房间。游戏规定玩家须在一个小时内走出来才算挑战成功，结果不到30分钟，夏琳和庞英竟然走了出来。

服务员意外地看着她们，问道：“这款游戏设置得很复杂，一般的玩家很难走出来，你们是怎么做到的？”

夏琳笑了笑，说：“玩‘密室逃脱’主要是靠记忆信息，墙壁上的图案、卫生间的收音机、房间里的灯光，都给我们提供了有效信息。根据这些信息，我们找到最后一扇门的钥匙，所以很快走了出来。”

“你们看到房间里所有的线索，并且将它们全部背了一遍？”服务员还是感到不可思议。

“对，这一点儿也不难。我这朋友可是出了名的记忆高手，小小的‘密室逃脱’根本难不倒我们。”庞英走到服务员面前，骄傲地回答。

观察力是指个体有目的、有计划地知觉事物的能力，尤其是指辨别物体细微差别和细小特征的能力。

一个人对事物的观察力越强，就越能发挥感知功能，丰富感性知识，为自己的学习、记忆带来帮助。

故事中，夏琳和庞英如果不懂得仔细观察，根据游戏规则合理利用线索材料并牢牢记住，她们也不会轻易地完成“密室逃脱”中难度最高的游戏。

邓婷对数字比较敏感，最擅长记忆数字。办公室文秘董秀则相反，每次看到数字就感到头疼。

有一次，董秀在填一份表格，需要将一串数字背诵下来。她想了很久，背了许多遍总是记不住。她忍不住砸了一下电脑键盘，抱怨道：“这些数字老是来折磨我，我觉得我好难！”

邓婷听到了董秀的话，调侃地说：“你是不是想说，早知道人间这么苦，当初就不该下凡来了？”

董秀不好意思地笑了：“你别取笑我了。对了，你不是记数字的高手吗？来帮我瞧瞧，指点一下！”

邓婷走到董秀的面前，只见表格上写了这样一行数字：1、3、5、7、9、11、13；2、5、8、11、14、17、20；3、7、11、15、19、23、27。

看完这些数字，邓婷笑了：“这 21 个数字，一点儿也不难记。你只须将数字分成 3 行，每行 7 个。第一行数字是 1 开头，第二行数字是 2 开头，第三行是 3 开头，记住 1、2、3 这三个数字，全部数字也就记住了。”

董秀推了推自己戴的眼镜，表示没有听明白。

“还记得我们高中学过等差数列吗？即从第二项起，每一项与前一项的差等于同一个常数，常数称为公差。根据等差数列的知识，第一行数字公差是2，第二行数字公差是3，第三行数字公差是4。这样，每一行的后一个数字，等于前面一个数字加上2、3、4。”邓婷解释道。

董秀终于明白了过来：“我懂了，根据它们的规律，记数字就会变得简单了！”

生活中，高手在记忆图片、数字、文字等材料时，首先会仔细观察材料的特点，再采取相应的记忆方法。

这就是说，记忆材料时，如果不懂得发挥观察力、想象力等能力，只是机械地进行记忆，再简单的材料你也会觉得很吃力。相反，如果你利用敏锐的观察力，发现材料存在的某种内在规律，利用这种规律，再难的材料记忆起来也会轻而易举。

如果你认为自己的观察力差，但又想提高记忆力，可以尝试从现在开始。

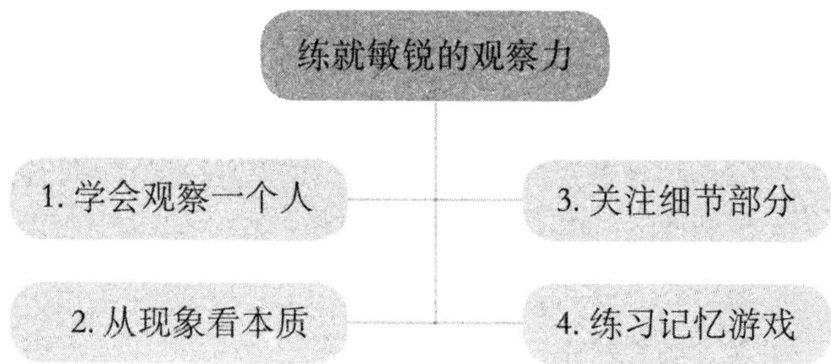

1. 学会观察一个人

与人打交道，必须学会观察别人。通常来说，观察一个人，包括对方的体貌特征、性格、谈吐、职业、穿着、发型、表情等方面。

观察时，你需要围绕自己的目的去进行。比如，你想通过与对方的交流，判断对方是一个什么样的人，就要着重观察对方的谈吐,注意看他与别人的不同之处,仔细揣摩和总结。时间久了，你识人的能力才能提高。

2. 从现象看本质

仔细留意生活，你会发现许多事物的外部表象与内在本质存在一定的距离。如果你能透过现象看清本质，你的观察力也会比别人高出许多。

比如，许多朋友喜欢发微信朋友圈，你留心观察，就能够总结出他们朋友圈内容的不同特点，便能推断出他们对待生活是一种什么样的态度。

遇到一件事情，当你学会看懂事情背后的本质，你的观察力会得到提高，思维能力也会跟着提高。

3. 关注细节部分

这张图片与另一张图片有什么不同？这个视频与另一个

视频有什么区别？回答这些问题，都离不开一个人对细节的观察力。

进入商场时，你是否看到了商场的内部结构？能否快速地说出洗手间在哪儿？紧急逃生路线在哪儿？

只要留心观察细节，你定能迅速回答出上面的问题。同样，当你面对一份材料时，不要只看完整体而忽略了细节部分。只有通过细节的对比、总结，你才能对材料有整体的理解。

4. 练习记忆游戏

一个人的观察力提高后，会极大地鼓励他继续观察。

我们可以通过练习记忆游戏来提高自己的观察力。这个游戏很简单，可以随时随地进行。比如，去朋友家做客后，闭上眼睛回忆一下房间的布局情况；坐公交车的时候，闭上眼睛回忆你座位前后位置上乘客的外貌、穿着等信息。

一开始，可能回忆的数量有限，甚至很难，但经过多次练习后，你能回忆起的数目会越来越多，观察力也会随之提高。

做一个有心人，学会透过现象看本质，争取观察得准、细、深。让观察成为习惯，使自己成为拥有敏锐观察力的人，从而加强自己的记忆力。

五、改变不良的生活习惯

人们常说，身体是生活的本钱。工作的时候，要注意劳逸结合，科学用脑。毕竟，大脑不是机器，它也需要休息和呵护。

如果一个人的脑力劳动强度过大，学习负担过重，容易使大脑生物钟紊乱，导致大脑疲乏，记忆力和思维能力也随之下降。

每到周末，冯泽便开启了“宅男”模式——熬夜通宵打游戏，第二天能睡到下午3点。等到闹钟响了无数次，他才从床上爬起来。

前段时间，冯泽在微信朋友圈发布了一条动态：马上要考注册会计师了，我一定要珍惜时间，好好复习。

虽然话是这么说，可冯泽的老毛病还是照旧。星期五、星期六两个晚上，他仍然熬夜打游戏，只将星期天晚上的时间用来学习。

因为连续熬了两个晚上，冯泽的学习效果始终不理想，背了无数遍的知识点怎么也记不住。想到星期一要早起上班，他只好看到晚上10点就洗漱休息了。

不出所料，冯泽没有通过这次考试。同事老李知道后，对他说：“熬夜伤身体，你缺乏足够的睡眠，记忆力自然好不到哪里去。”

冯泽仿佛见到了知音，立刻点头赞同：“对，我每次看书都想睡觉，稀里糊涂地备考，难怪考了两次注册会计师也没有通过。我一定得改正这个坏习惯。”

睡眠对于人的健康，如同呼吸和心跳一样重要。睡眠不足的人，第二天会疲惫乏力，毫无精神。

长期熬夜引起的睡眠不足，还会加快脑细胞的衰退速度，导致记忆力下降，甚至增加患抑郁症的风险。

芬兰的一项调查研究发现，睡眠不足7小时的男性，患病的可能性比睡7～8小时的男性高出26%，比睡7～8小时的女性高出21%。

专家建议：30～60岁的成年人，每天应该保证7个小时左右的睡眠。我们要想身体健康，精力充沛，记忆力良好，首先要保证拥有充足的睡眠。

邵莉是一个出了名的“吃货”，每次和朋友上街，看到美食就走不动，非要拉着朋友去尝鲜。

学习的时候，邵莉也爱吃零食。她最喜欢说的口头禅是：“在能力范围内，绝不亏待自己。”

上周，邵莉和同事田欣报考了导游执业资格证考试。下班后，她们约好去公司附近的图书馆学习两小时再回家。

邵莉先是带田欣去餐馆吃饭，说："我们要看书学习，当然得先吃饱才有体力，对吧？"田欣只好跟着邵莉去吃饭，吃完饭再去图书馆。

到了图书馆，田欣埋头学习。邵莉却在一旁吃着零食，玩着手机。田欣一再提醒她："赶紧看书，马上就要考试了，你怎么还有心情吃？"

邵莉摸摸自己的肚子，说："我吃得太饱了，玩手机休息一会儿再看书，别管我，你自己学吧！"

身高1.5米的邵莉，体重却有140斤。朋友都说她再胖下去，会跟猪没有什么区别。邵莉听了只是笑笑，也不反驳。

最后，邵莉看到田欣顺利通过考试拿到导游资格证，她才感到后悔，自己只顾着吃，活该通不过考试。

对人类来说，长期饮食过饱不是一件好事。

饮食过饱，不仅会使消化系统长期负荷过重，还会使大脑出现早衰和智力减退等现象。这是因为人体饱食后，胃肠道循环的血容量会增加，造成大脑血液供应不足，脑细胞正常生理代谢受到影响。

日常生活中，一旦你感到头昏眼花、四肢乏力、注意力不集中，记得停下手中的事情，提醒自己要休息了，因为这是大脑发出的警告。在这样的状态下，不管是工作还是学习，效率都会受到影响，你的身体健康以及记忆力也会受到一定程度的损害。

若想拥有良好的记忆力，首先你得保护好大脑，改变不良的生活习惯。

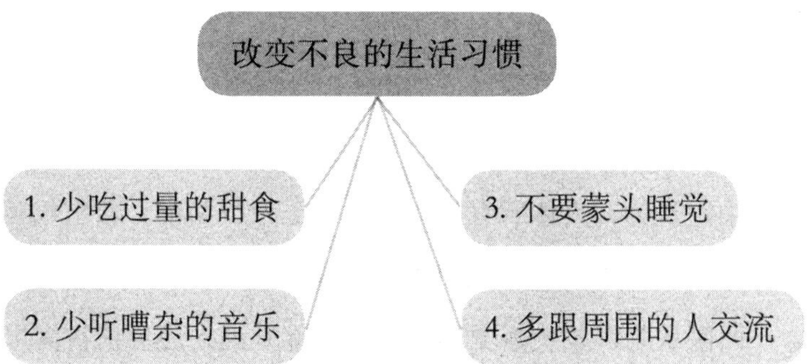

1. 少吃过量的甜食

适当的甜食能为大脑提供能量。但甜食热量过高，容易造成身体脂肪堆积，还会影响其他营养素的摄入，引发各种身体疾病，导致记忆力和学习能力下降。

研究表明，过量的甜食在消化过程中会争夺过多的氧，让大脑缺氧，危害神经健康，降低人的记忆力。

2. 少听嘈杂的音乐

轻缓舒适的音乐能让人心情放松，给人美好的享受。嘈杂的音乐会让人听了心情烦躁，无法集中精神专注于当前的工作。

研究发现，听力丧失与大脑萎缩有关。如果长期听嘈杂的音乐，不仅会有损大脑健康，还会影响记忆的储存功能。为了保护好大脑的健康，我们应该远离噪音。

3. 不要蒙头睡觉

不管是中医还是西医，都认为蒙头睡觉对大脑的健康有影响。

中医认为，人体所有的阳气都会汇聚在头部，若阳气被人为地“包裹”，将不利于大脑的气血循环，容易郁积成火。

西医认为，蒙头睡觉不仅会使头部升温，还会使被窝里的氧气越来越少，二氧化碳越来越多，导致第二天出现头晕、头痛、头胀、思维能力和反应力下降等问题。蒙头睡觉对人体的呼吸系统也有一定程度的损害。

4. 多跟周围的人交流

大脑是越用越灵活，生活中经常开口说话，能促进大脑语言功能区的发育。整日沉默寡言，容易使大脑的语音功能受到一定程度的影响。

休闲的时候，多跟周围的人交流，谈论一些有哲理、深度的话题，不仅能锻炼大脑的灵活度，还能增长见识。

大脑是人体最精密的器官。科学、合理地用脑，有利于刺激脑细胞再生，恢复大脑的活力，最终通过神经系统对机体功能进行调节与控制。

没有一个健康的大脑，我们做任何事情都会变得困难重重。无论你有多忙，都应该养成科学用脑的好习惯——疲倦了，休息一下，不要苦撑。如果出现问题时才醒悟，只会让你悔之晚矣。

六、培养高度集中的注意力

注意是人的本能反应，大脑在注意某事物的同时，会有选择性地忽略其他事物。能不能把注意的重心集中于当前的事物上，是衡量注意力是否良好的方法。

上课时，老师讲的内容，学生始终听不进去；工作的时候，一些员工总无法专心完成工作任务。这都是注意力不集中的表现。

高度集中的注意力，是指人的心理活动指向和集中于某种事物的能力。它是高效记忆力的保证，没有良好的注意力，也就没有良好的记忆力。

在单位，每次领导交代给葛迪的工作，他都能高效完成，多次受到领导和同事的好评。

时间久了，葛迪就产生了一种错觉，认为自己能力过人，注定与他人不同。直到昨天单位会议上发生的事情，才让他幡然醒悟，认识到了自己的不足。

主任提前给葛迪安排了一项任务，让他在会议上发言。这次会议非常重要，上级部门的重要领导将一同参加。

主任再三强调会议的重要性，希望葛迪能将准备好的会议材料讲解得精彩。葛迪拍着胸脯说："领导放心，保证完成任务。"

回到家，葛迪打开电视，然后拿出会议材料，一边看电视一边背诵。妻子见状，在旁边提醒他："一心不能二用，你要背诵资料就认真背，不要看电视。"

葛迪没有听妻子的话，认为自身能力达标，就看起了他最喜欢的综艺节目《歌手》，连资料也忘了背诵。

第二天，葛迪在会议上窘态百出，他不仅没能将资料背诵出来，甚至拿着资料朗读都读不完整，还读错了许多关键性数据。

此刻，被主任严厉批评的葛迪正坐在办公室里反省。

心理学指出，注意是一种心理状态，伴随心理过程的始终。一旦失去注意力，其他活动将无法进行。

一个人的注意范围是有限的，注意力只能在某一时段聚焦于某一任务。这告诉我们：一个人的精力是有限的，你无法同时做好所有的事情。

当你在注意力不集中的情况下进行记忆，即使花了再多的精力，也只会徒劳无功。正如网上流传的励志句子所言：“你不能假装努力，结果不会陪你演戏。”记忆材料的时候，你必须保持高度集中的注意力，全身心投入，不可三心二意。

今年35岁的左茹是一名高中语文老师。前几天，她被一家社区邀请参加一场文学活动，主办方希望她能给社区的儿童讲解如何阅读童书。

刚接到邀请函时，左茹笑得合不拢嘴。不过，高兴之后，她的心情突然变得沉重起来——要当着那么多孩子的面讲童书，首先自己得了解童书。

参加工作后，左茹很少阅读课外书籍，更别提童书了。一想到面对孩子那期盼的眼神，左茹就有了动力。她走到书房，从书架上取出几本童书开始看起来。不过才看了几篇，她就感到脑子凌乱，再也看不下去了。

左茹告诉自己要学会放松，过段时间再来看书。然后，她无聊地刷起抖音短视频，又看了一会儿无聊的电视节目。突然，她有了主意：“我只要挑一两个作者，选取他们作品中的经典段落来看、来记，不就简单许多了吗？”

左茹立即展开行动，她迅速看完选中的童书，用思维导图等记忆方法记了几遍，又写了一篇演讲稿。

活动那天，左茹没有令主办方失望，给孩子们做了一场精彩的演讲。

想要完成一件事情，如果一开始就去做复杂的事情，会让你感到头痛，打击你的信心。相反，如果你从容易的事情做起，尝到成功的甜头后，会产生持续做好这件事的动力。

这告诉我们，想要完成一件事情，学会根据事情的难易程度合理地规划任务，分清做事的先后顺序。

拿记忆一篇文章来说，你可以细化任务，试着按照“关键句—关键段落—整篇文章”这样由易到难的顺序进行。最重要的是，记忆材料时，你的注意力必须高度集中，要懂得控制好自己的欲望——记忆的时候就要专心记忆，等记完了再去忙其他事情。

心理学家根据有无预定目的和意志努力程度，将注意分为有意注意、无意注意、有意后注意。其中，有意注意又叫随意注意，是自觉的、有预定目的的注意。

通常来说，一个人的注意力是否集中，主要受外部因素和内部因素的影响。我们所说的注意力高度集中，指的是有意注意。

如果你的注意力不集中，可以尝试做这些游戏来提高注意力。

1. 玩魔方

魔方是一个神奇的游戏，不管是几阶魔方均有多种玩法，需要运用注意力、观察力、判断力等综合能力。

当你觉得无法集中注意力，可以试着玩一玩魔方，找出魔方的规律拼出正确的图像。魔方成功拼好后，你的注意力也就能集中了。

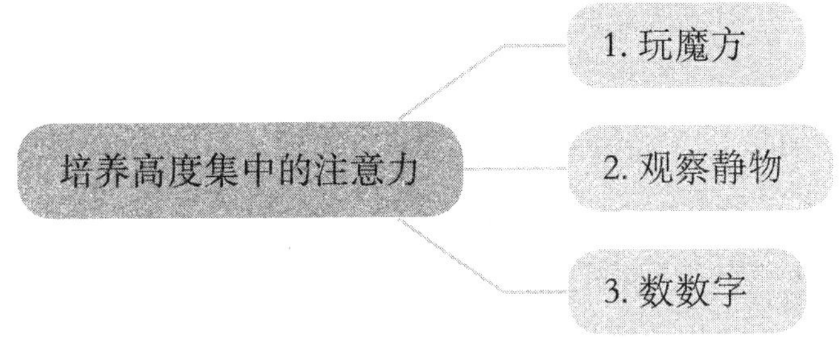

2. 观察静物

注意力不集中的时候，你很难把心思花在复杂的事情上。这时候，观察身边静止的物体能帮助你找回注意力。比如，观察一盆花、台灯、椅子，记住它的整体形象以及细节部分，接着闭上眼睛在脑海里回忆，直到能完整地回忆出这个物体的全部细节。

在这个过程中，你需要集中观察力和注意力。观察和回忆完毕，你的注意力会在不知不觉间恢复过来。

3. 数数字

注意力涣散时，你可以尝试数数字。具体方法如下：找一张白纸，在纸张上画出 5 行 3 列的表格，打乱“1 ～ 15”这 15 个数字的顺序，依次填入格子，然后用最短的时间将这

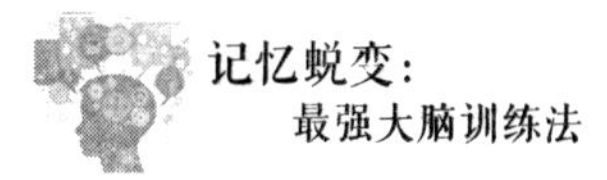

些数字依次从格子里找出来。

刚开始做这个游戏的时候，你可能需要花很长的时间才能将数字全部找齐。随着练习次数的增加，你找数字的速度会变快，注意力和观察能力也能得到提高。

如何集中注意力，不同的人有不同的方法。平时多思考、多总结，看看自己在什么情况下容易被打扰，什么情况下能集中注意力。只有掌握了注意力规律，在学习和记忆的时候，你才能取得最好的记忆效果。

七、锻炼出超强的思维能力

德国哲学家戈特弗里德·威廉·莱布尼茨说过："世上没有两片完全相同的树叶。"同样，世界上也没有两个完全相同的人。

遇到同一个问题，不同的人有不同的看法，因为看法不同，处理问题的方式和结果也各有不同。

拿记忆电话号码来说，有的人喜欢采用口诀法，有的人会采用数字编码法。之所以做出这样不同的记忆选择，与他们的知识积累有关，也与他们的思维能力有关。

卫杰是大家公认的记忆高手，他能全部记住市里 100 多条公交路线图。只要你随口说一条路线，他能将这条路线途经的公交站流利地背给你听。

每次跟卫杰出门游玩，朋友都觉得很有安全感。同事郭爽听到卫杰有这个技能后，始终不敢相信。城市里每条公交路线少说也有 8 个公交站，记 100 条公交线路至少要记 800 个站名，这不是一件简单的事情。

这天周末，郭爽约了卫杰和几个同事一起吃饭。他决定考考卫杰："我问你，408 路公交车的终点站叫什么名字？"

408 路公交车从市区到郊区，途经的公交站有 30 多个，郭爽认为卫杰一定回答不出来。不料，卫杰张口便答："终点站叫城市花园。"

郭爽瞪大眼睛，连忙问他："没错，你说对了。这条路线不好记，你到底是如何记住的？"

卫杰思考了几秒钟，答道："我主要用的是故事记忆法。比如，601 路到市汽车站，721 路到中央公园，533 路到步行街。那么，601 路可以记成'我的榴莲要运到汽车站去销售'，721 路可以记成'周末我带妻儿去公园游玩'，533 路可以记成'我喜欢散步去步行街买衣服'。"

听完卫杰的回答，郭爽明白了："也就是说，你喜欢发挥想象力，将公交路线变成故事来记忆？"

“是的，你终于理解了。”卫杰微笑地回答。

生活中，思维能力强的人，在逻辑推理、学习知识、记忆材料方面会比其他人有明显的优势。

给他一份材料，要求他在最短的时间内记住。思维能力强的人不会死记硬背，而是会分析材料、加工材料，找到适合自己的方法进行记忆。其实，记忆效果与思维能力密不可分。

要想知道思维能力是什么，首先得知道什么是思维。

思维是指借助语言、表象或动作实现的对客观事物概括和间接的认识，反映了事物的本质和事物间规律性的联想。

判断一个人的思维水平高不高，主要是从发散思维的流畅性、变通性、独创性三个方面来衡量。比如，我们形容某人思维水平高，通常会说他思维严密，看问题全面，对问题能够提出创造性的见解。

思维水平高的人，倘若懂得发挥这方面的能力，记忆力水平也会很高。

邱蓉是一个“麦霸”，只要将她带到KTV，她会瞬间变成另一个人——在房间里自嗨，仿佛在开演唱会般疯狂地唱歌。打开点歌台，你会发现全部歌曲都是她一个人点的。

邱蓉不仅在KTV里爱表现，私底下也随时在唱着歌。据说，她至少能记住2000首流行歌曲的歌词。

朋友曾经考过邱蓉，随口说出一句歌词，她能立刻将剩下的歌词唱出来，从未失败过。有一次，好朋友范芹问她：“你是不是每天都在听歌，强迫自己去记大量歌词？”

邱蓉摇摇头，说：“没有，你想多了。我只是无意间记住歌词的，没有刻意花时间去记。”

见范芹不相信，邱蓉解释道：“比如记《像我这样的人》这首歌的歌词，只要发挥想象，记住自己是个什么样的人，将自己的性格特点结合歌词，不用一分钟便能记住。”

范芹听了，使劲地点头：“我懂你的意思。你是根据自己的经历，巧妙地结合歌词进行记忆。”

思维有广义和狭义之分。广义的思维，是指人脑对客观现实概括和间接的反映，包括逻辑思维和形象思维；狭义的思维专指逻辑思维。

根据不同的思维角度，心理学家将思维分为形象思维、演绎思维、发散思维、逻辑思维、常规思维、创造性思维等。所有的思维过程，都要通过分析、综合、概括、比较、具体化等活动和判断、推理等形式来实现。

记忆过程中，需要对输入的信息进行编码、储存、提取，思维则是对输入的信息进行更深层次的加工。对输入材料的加工越精细，记忆效果越好。

研究发现，思维能力强的人，记忆能力也很强。既然思维能力能辅助我们记忆，怎样才能提高我们的思维能力呢？大家可以通过下列方法进行练习。

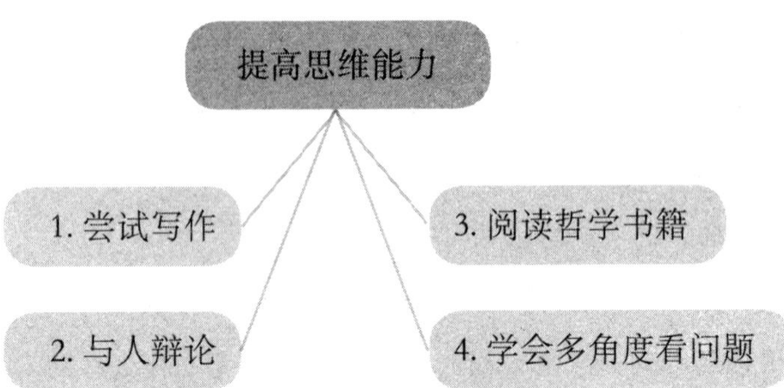

1. 尝试写作

提高思维能力可以从具体的某件事情开始，如写作。写作需要拥有谋篇布局的能力，经常写作能提高你的思维能力。

你可以试着写一部10万字的小说，即使中间有困难，也要坚持完成。等小说写完后，你会发现自己的逻辑思维、形象思维等能力有了显著提高。

2. 与人辩论

辩论不仅需要妙语连珠的口才，还需要严谨缜密的思维。生活中，多与他人辩论，发现他人辩论巧妙的地方，向对方学习，时间久了，你也能成为思维能力强的人。

不过你要记住，与他人辩论一定要就事论事，切不可胡搅蛮缠，更不能人身攻击，做一个无理也要搅三分的口头巨人。

3. 阅读哲学书籍

哲学书籍，包含着哲学家对生命、人生等方面展开的思考，拥有大量辩证的思维观点、丰富的逻辑知识。阅读这类书籍，能够给你的发散思维、逻辑思维能力带来质的提升。

由于哲学书籍比较枯燥难懂，你可以从《苏菲的世界》《西方哲学史》这类通俗易懂的书籍开始阅读，有了一定的知识积累后再深入阅读其他哲学书籍。

4. 学会多角度看问题

有时候，某件事走入了死胡同，不是你的智商有问题，只是你没有拆掉思维的墙，被问题的表面现象迷惑了而已。当你懂得回过头来，从另外一个角度看问题时，自会豁然开朗，发现事情原来那么简单。

在平时的生活中，不要钻牛角尖，试着转换思路，从不同的角度分析问题，拒绝画地为牢，让自己拥有全面看问题的能力。

人生没有绝路，该转弯的时候学会转个弯，即使一时荆棘密布，也终将会柳暗花明。你的思维也是如此，加强锻炼自己的思维能力，自己的记忆力也会得到提高。

/ 第六章 /

超级记忆法在生活中的运用

记忆力不好，你常常感到苦恼，幻想着能拥有神奇的记忆力，醒来后才发现是在做梦。

其实，拥有神奇的记忆力是有可能的，这不是做梦。记忆力差，只是你不知道如何运用记忆方法罢了。

一、相信我，记住他人的姓名不是梦

名字是一个人的符号，会伴随我们一生。

美国著名人际关系学大师戴尔·卡耐基说过：“一种既简单又最重要获取好感的方法，就是牢记别人的姓名。”

生活中，你是否会经常记不住别人的名字，总是把对方的名字记错？看着对方却叫成别人的名字，会让你和对方都感到尴尬。

正确记住别人的名字，不仅是对别人最基本的尊重，也能体现出自己的修养。你觉得记忆名字很困难，其实，是你不懂得记忆方法而已。

佟艺是一个标准的“宅女”，性格孤僻，最高纪录是一个月不出门，整天宅在家里看书、追电视剧。

爸妈担心佟艺这样的性格不利于社交，常鼓励她出去跟朋友聚会交流，不要把自己封闭起来。佟艺对此非常排斥：“与陌生人讲话太麻烦了，没有共同语言，还必须记住他们的名字、找话题聊天，太累了！”

直到遇见同事许敏，佟艺才改变了自己的看法。每个周末，许敏经常组织朋友去公园散步、图书馆读书。看到徐敏和朋友在一起互动时欢快的气氛，佟艺羡慕不已。于是，她求助徐敏，问她交际的秘诀，尤其是如何记住别人名字的。

徐敏笑着告诉她：“我主要是学会用一些巧妙的方法来记忆。比如，严婉庄、李青奇、王友琴这三个名字，你可以这样记忆：严婉庄倒过来念是‘装碗盐’；李青奇的谐音是‘你亲戚’；王友琴可以想象成‘王思聪有钱’。”

“我明白了，要学会给名字添加有趣的故事或编成谐音，记起来才不会枯燥。”佟艺若有所悟地说道，徐敏点头表示赞同。

后来，佟艺用这个方法记住了许多朋友的名字，渐渐地学会了与朋友正常交往。

社交场合中，如果你能快速记住别人的名字，会给对方留下良好的印象，获得对方的好感。

我们的名字一般有 2 ～ 4 个字，除了姓，就是名。名字代表一定的含义，只要你懂得根据名字的含义再结合一定的记忆方法，记住别人的名字将不再困难。

孟茜是一名销售人员，由于工作需要，她需要经常向客户推销产品。但工作三个月以来，她的业绩一直排在公司的末位。

可能自己根本不适合这一行，孟茜思考了几天后找到经理，提出辞职申请。经理没有看她的辞职申请书，只是对她说："你知道吗？你口才不错，特别适合做销售，只是你的记忆力不好。你能记住我们公司所有员工的名字吗？"

每次开会，孟茜总是说："我们公司那个……就是那个……爱穿紫色衣服的员工……"这时，经理就打断她："你直接说是谁，叫什么名字。"孟茜就尴尬地坐在座位上，哑口无言。这样的事情发生了多次，给经理留下了深刻的印象。

"你连我们公司员工的名字都记不住，又怎会记住客户的名字呢？"经理继续追问。

听到这里，孟茜脸上一阵发烫。每次去拜访客户，她跟客户见面的时候都没有叫过对方的名字，习惯以"主任你好、老总你好"这样的称呼做开场白。

对方往往挥挥手，拒绝交流："不好意思，现在我没时间，下次再约吧！"孟茜只好失望地离开。

经理见孟茜一直在沉默，缓和了一下语气，说道："记名字很简单，比如林国栋、刘明洋、高飞亚，你完全可以编成熟悉的词语来记忆：国家栋梁、名扬四海、飞出亚洲。"

孟茜点了点头，说："谢谢经理，我以后试试看。"

下一次拜访客户时，孟茜按经理的方法将客户的名字深深地记在脑海里。没想到，孟茜竟然成功地跟客户聊起了天，最后让客户买下了她的产品。

记忆别人的名字时，不是不能记住，大多数时候是我们记了一遍就忘了去复习。时间久了，自然容易忘记。

名字是用来记住的，听到对方的名字后，第一件事是确定对方名字的写法，弄清每个名字的发音及含义。下次见面时，你若能正确叫出对方的名字，他会对你产生良好的印象。

当然，名字记住了还没有结束，你还得学会利用空余时间及时回忆你认识对方的时间、地点，他的声音、外貌、谈吐等信息，以及你们谈话的内容，从而加深记忆。

也许你会说，我们每天会面对许多人，要如何才能记住他人的姓名？方法有很多。

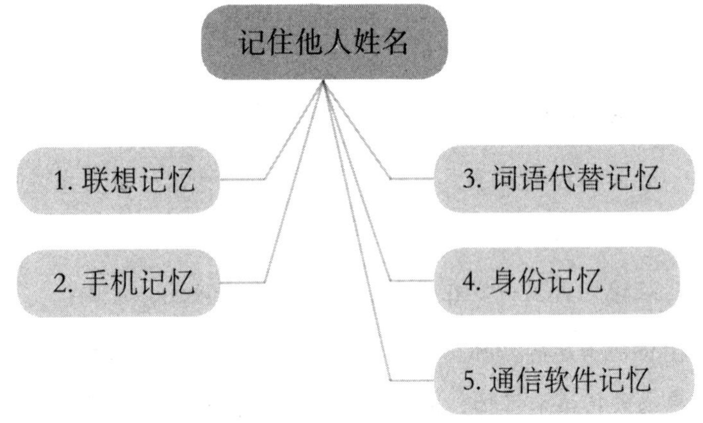

1. 联想记忆

联想记忆可以在谈话的过程中完成，也可以事后根据事件的特殊性、特征进行记忆。联想记忆很简单，主要是把姓名和面部特征、特殊事件、话题、肢体语言等结合在一起，从而加深记忆。

每个人的名字不同，特征也有所不同，主动根据对方的名字和特征等信息建立起某种联想，记忆效果才会提高。

2. 手机记忆

智能手机有很多功能，如果你懂得使用手机的功能来记名字，将会产生意想不到的效果。你记住的名字不仅能和对方的脸对应，还能记得其他更多的信息。

要怎样使用手机来记忆名字呢?

你可以将对方的名字存到手机联系人列表上，并在名字上方添加对方的照片，下方添加对方的职业、爱好、年龄、外貌等详细信息。空闲的时候，经常翻看手机上的名字、照片等信息。时间久了，不用花费太多精力也能记住对方的所有情况。

3. 词语代替记忆

有时候，刚听到别人名字的瞬间你觉得很熟悉，似乎在哪里听到过。如果你当时不认真去记，过后会马上忘掉。

遇到这样的情况，你可以根据对名字的熟悉度，使用一定的加工手段来记忆。比如，根据第一印象，把对方的名字换成你熟悉的词语来记。

熟悉的词语在大脑中有了深刻的印象，我们用它来记忆别人的名字会事半功倍。

4. 身份记忆

名字记住了，但对方是谁，你怎么也想不起来。之所以会出现名字和身份不对应的现象，通常是因为你记名字时没有注意到对方的外貌、身份、职业等信息，甚至会导致张冠李戴。

要想摆脱这种尴尬的处境很简单，你只须在记忆名字的时候注意观察对方的外貌，将对方的外貌、职业和名字联系起来即可。不过，遇到重名时一定要及时备注好。

5. 通信软件记忆

现代人除了使用名片外，还会使用 QQ、微信、微博等通信软件。记忆对方的名字时，你可以先向对方要一张名片。如果可能，尽量加上对方的微信或是 QQ 好友，并在备注栏里记下对方的名字和其他信息。

除了上面介绍的几种方法外，快速记住别人名字的方法还有很多，只要用对方法，记名字并不难。不要想着名字无关紧要，即使记不住也没什么。如果你记人名的能力强，会发现自己的人缘也会在无形中跟着好起来。

做一个有心人，消除对记名字的恐惧。从现在开始，发展记忆别人名字的能力，让自己成为社交达人。

二、希望你从此不再担心记演讲稿

开会时上台讲话或参加演讲比赛，你是否不看稿子，就能完整、流利地讲完?

生活中，常常有这样奇怪的现象：许多人私底下讲话时滔滔不绝，表现出口才很好的样子。一旦他们上台当众讲话，就会变得吞吞吐吐、东拉西扯，毫无逻辑性可言，更别说来一场精彩的演讲了。

郝云从小就喜欢演讲，他最大的梦想是当一名演讲家。前不久，他看了电视节目《超级演说家》后，激动地想去报名参赛。

由于工作的原因，郝云最后放弃了。就当他为这件事耿耿于怀的时候，本市要举办一场关于“中国梦”的演讲比赛。

经过层层选拔，郝云代表单位成功地闯入了决赛。想着在决赛现场，能跟所有热爱演讲的人来一场高手间的巅峰对决，郝云感到非常兴奋。

每天上班，郝云浑身都充满了激情，天天盼着决赛的日子赶快到来。

为了能在决赛上超常发挥，郝云将演讲稿修改了六遍，还观看了上百个演讲视频，希望能向那些演讲家学习，帮助自己拿到冠军。

谁也没想到比赛那天，郝云却出了意外。他紧张地站在台上红着脸，想了半天也没有说出一个字。最后，他只好尴尬地对评委说了一句："不好意思，我忘记稿子了，放弃比赛。"

郝云从小参加过无数的演讲比赛，从来没有出现过在舞台上忘词的现象。这件事情发生后，他郁闷了一个月。其实，演讲稿并不难记，他只要从个人—社会—国家三个方面进行构思，就能顺利演讲完。

事情已经发生，想太多也于事无补。郝云只有在内心提醒自己，以后参加演讲比赛，一定要加强对稿子的记忆。

舞台上，那些演讲家能够出色地演讲，并不是他们真的能把稿子一字不漏地背下来，而是他们懂得用巧妙的记忆方法，记住演讲稿的基本内容，再通过调节现场的气氛，灵活地控制演讲时间，从而完成演讲。

当众演讲，是演与讲的统一体。首先，要做好一次成功的演讲，离不开一篇完美的演讲稿。其次，巧妙地记住演讲稿，是成功演讲的重要前提。

李琦是某公司的老员工，他最近在忙着写演讲稿，为自己的竞职演讲做准备。同事们对他充满信心，相信以他的能力能通过竞争当上部门经理。

李琦只是苦笑，只有他知道自己的内心没有底。他的竞争对手王博是一个演讲高手，曾几次在公司的年终总结会上激情演讲，获得了大家的首肯。

最让李琦担心的无疑是在台上忘词。为了避免出现这种现象，他提前对稿子进行了强化记忆。

李琦准备的演讲题目是《只为成功找方法，不为失败找理由》，在演讲稿里，他收集了3个名人故事。他提醒自己演讲的时候，按着“成功—案例—失败—案例”的线索进行。

当天，李琦绘声绘色的演讲获得领导和同事的阵阵欢呼。

王博却没有事前准备演讲稿，一上台就开启了“freestyle（即兴）模式”，滔滔不绝地说个不停。不过，他才说了不到五分钟，就站在台上一动不动，再也说不下去了。

同事们都吃惊地看着王博。王博感到无地自容，从台上尴尬地走了下来。

毫无悬念，李琦成功地当上了部门经理。晚上聚餐的时候，同事们纷纷庆祝：“李哥太厉害了，竟然逆袭成功，小弟佩服！”

李琦笑着回答：“主要是我使用的记忆方法帮了大忙，要不然，演讲的时候我也会忘词的。”

在舞台上演讲，你不能认尿，别担心自己的记忆力不好，不能给观众奉献出一场漂亮的演讲——记不住稿子，只能说明你的记忆方法不对。

一篇完整的演讲稿，离不开观点和材料。但仅仅记住这些还不够，最重要的是把握好论据的论证过程，也就是演讲稿的逻辑构成。

演讲稿分为基本型和变化型两种，常见的是基本型。基本型由“提出问题—分析问题—解决问题”三部分组成。把基本型演讲稿展开来看，结构为：提出演讲的论点（表示强调）—论证观点（用故事、数据、名言警句）—得出结论（论证演讲的观点）。

你要明白，无论是哪种类型的演讲稿，你都可以在稿子的基础上灵活采用记忆方法进行记忆。有以下几种记忆方法可以供我们使用。

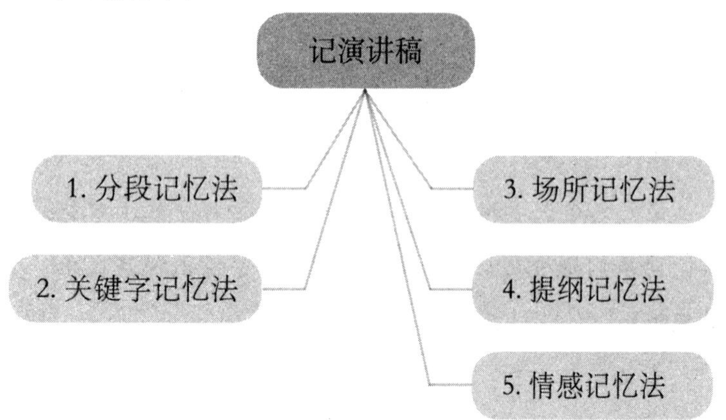

1. 分段记忆法

一场成功的演讲包括开场、内容、结尾三个部分，每一部分控制在多少分钟以内，你必须心中有数。

开始演讲前，根据稿子的情况，你要合理分配内容：计划好开场阶段你会讲几段，内容阶段你会讲几段，结尾阶段你又会讲哪些。

分配好后，根据三部分的先后顺序，把每段的内容以及核心要点熟记于心。

2. 关键字记忆法

如果你要记的内容有很多，全部记起来有些困难，可以归纳出每个段落的中心思想，提取出关键字，根据关键字来记忆。

比如，你的演讲题目是《我的梦想》，稿子上写了很多内容，你提取的关键字为：小时候的梦想、长大后的梦想、现在的梦想。

记住这些关键字以及它们的先后顺序，在演讲的时候根据这些关键字展开想象，你便能迅速回忆出稿子的全部内容。

3. 场所记忆法

古希腊的雄辩家在演讲的时候，喜欢用“培哥记忆法”。简单地说，这就是场所记忆法，类似宫殿记忆法。

具体做法是，把演说要点与自己熟悉的场所联系起来记忆。比如，将演讲内容与家里的门、客厅、沙发、茶几等联系起来。也就是说，演讲的开头部分是门，中间部分是客厅和沙发，结尾部分是茶几。演讲的时候，记住这些物品的顺序，你就能全部记下演讲稿的内容。

为了记住更多的内容，你还可以将演讲稿细分出更多的要点，再划分到你选择的场所里去。

4. 提纲记忆法

一篇演讲稿通常属于议论范畴，由一个总的主题思想和一系列论点、论据组成。

记忆一篇稿子的时候，你首先要记住整篇稿子的层次框架，根据内容写好提纲，标明“主题—观点 1—论据 1—观点 2—论据 2”的结构。

把结构背下来，梳理好每个结构的逻辑关系，背诵好重点的句子和段落。接着，熟悉这篇稿子的主要内容、观点和论据，明确如何有步骤地展开演讲。

提纲记忆法的运用范围很广泛，在即兴演讲以及开会发言中同样适用。

5. 情感记忆法

心理学家认为：情感主要和大脑两半球的活动联系在一起。记演讲稿的时候，多朗读几遍，把自己的感情融入到内容里去，记的效果会更好。

演讲的时候，你讲得越有感情，越能激起观众的情绪，越能打动观众。

用情感来记忆，你还要控制好演讲时的语气、音量、语速，使你的演讲发挥得更完美。

这样一来，不管是当众参加演讲，还是现场临时发言，你都能做到思路顺畅，条理清晰，给大家带来一场难忘的演讲。

三、开动脑筋，记住日常生活琐事

出门走了很远的路，你才想起自己到底有没有锁门；答应朋友的事情转眼就忘了，事后朋友提起，你才想起来。

许多日常生活中的小事，你当时觉得不重要，关键时刻却会对你产生重要的影响。然而，为了努力想起这些小事，你浪费掉了大量宝贵的时间。

如果你总是出现这样的情况，不用感到担心。研究表明：各个年龄阶层的人都存在遗忘地点、人名和日期的情况，所以，不是只有你会这样。

这几天，叶超感到身体不舒服，家人就带他去了医院。

经过医生详细诊断，叶超被检查出患了1型糖尿病，他的生活从此彻底发生改变。为了避免出现血糖波动不平稳，给自己的身体健康带来不良影响，每天三餐前，叶超要给自己注射胰岛素。

许多时候，每隔一小时，叶超必须用血糖仪检查自己的血糖，并记录下血糖指数。除了要时刻关注血糖值外，他还要不定时吃各种降血糖的药。

在叶超身上还有个奇怪的现象，不管是在自己家里还是去朋友家，他都能记住什么时候该检查血糖值，什么时候该吃降血糖药。

叶超已经50多岁了，平时的记忆力并不好，刚看完一部电视剧，你问他电视剧讲了什么内容，他支支吾吾说不清楚。你若问他，一个小时前血糖值是多少，两个小时后该吃什么药，他可以准确地告诉你。

邻居郑霞不解地问他："老叶，你老是忘记其他事，怎么对于吃药、检查血糖的事记得这么清楚？"

叶超摇晃着手机，说道："我有手机便签，会把自己吃药、检查血糖的时间记在便签上，到时间就会提醒。在我家日历的日期下面，我也会及时记录每天的情况。"

郑霞感叹道："原来你不是记忆好，而是懂得用有效工具来加强记忆。"

生活中，琐碎的事情很多，你越是着急地想要记住它们，大脑反而越会一片空白，什么也想不起来。

当你每天要处理的事情很多，需要同时记住时，可以选择使用故事中叶超的方法，让日历或便签来帮忙。即在日历上写下你要做的事情，每天起床后看一遍，把已经做好的事情打钩，并记住当天需要做的事情。

遇到琐碎的事情需要记忆时，你也不用感到烦恼，只须冷静下来，根据这些事情的特点找出辅助记忆的方法，便能将琐碎的事情记住。

鲁悦最近一个月不知怎么了，突然有了“锁门强迫症”。

起初，鲁悦有“钥匙强迫症”。出门前，她必须反复检查有没有将钥匙放进手提包，确定放在包里了才肯放心离开。后来，她想出一个方法改掉了检查钥匙的毛病——她拿出备用钥匙放在母亲家里，如果自己不小心将钥匙落在了家里，就直接去母亲家里拿备用钥匙。

如今，“锁门强迫症”又深深影响着鲁悦。每次锁门，她明明记得锁好了，可出门走了五分钟，又必须回家再检查一遍，确认自己是不是真的锁好了门。

鲁悦的这一行为，被好多朋友看在眼里。她尴尬地解释：“我不检查，心里像猫抓了似的无比难受。”

好友杨敬给她出了个主意：“你在锁门前给门拍一张照片，当你犯强迫症的时候，只要看下照片就知道有没有锁门了。”

鲁悦按照杨敬说的方法去做，没多久，她竟然摆脱了“锁门强迫症”的困扰。在照片的帮助下，鲁悦只须检查一遍便说服自己，再也不用揪着一颗心来回检查。

强迫症是一种心理疾病，患这种疾病的人，会出现反复洗手、检查门窗是否锁好的现象。即使他已经洗过了手、锁好了门窗，也不相信自己的眼睛，非得反复检查几遍才会心安。

如果你出现过这样的情况，可以试着使用一些巧妙的方法帮助自己去记忆，让自己告别强迫症，过上愉快的生活。

记住生活中的琐碎事情，有许多种方法。

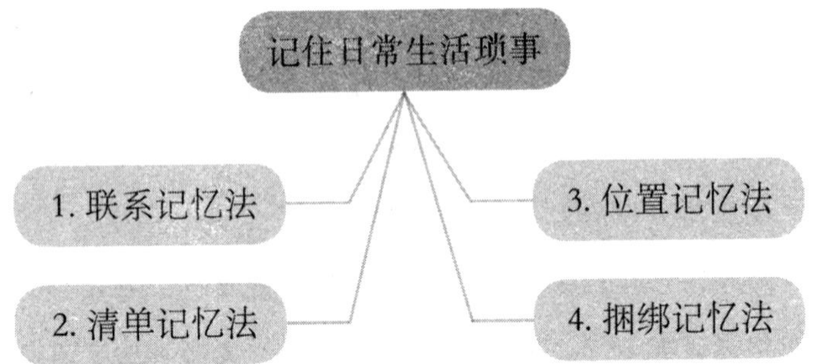

1. 联系记忆法

当一件事情对你来说很重要，必须在心里牢牢记住时，你可以根据事情的性质使用联系记忆法，如通过想象、夸大事情的效果。比如，你答应帮朋友在网上买火车票，可以这样想象：如果你没有认真去做这件事，将耽误朋友的行程，会失去朋友的信任，你们的友谊也就此产生了裂缝。

通过这样的情节想象，逼迫自己记住这件事情。只要能想出办法，让你对这件事情产生足够的重视，自然就能记住这件事。

2. 清单记忆法

如果你的记性不好，可以通过列清单的方式写在纸上，或记在手机备忘录里，同时设好闹钟提醒自己。

人的短时记忆容量有限，保持时间很短。当要记住的事情有很多时，事情之间就会发生冲突，影响我们的记忆。这时候，列一张清单，不仅可以确保自己不会忘记，还能让自己保持清醒的头脑，记住更多重要的事情。

通常来说，重要的事情会在大脑中形成深刻的印象，督促我们去记忆。日常生活中的琐事却没有这么幸运，由于我们不重视，很容易忽略它们。

3. 位置记忆法

许多年轻人经常会出现这样的情况，他们会在自己的房间里反复找东西——眼镜去哪儿了？书放哪儿了？钥匙放哪儿了？经常要找半天才能找到。

这些东西，你不找它们的时候，它们不理你。你找它们

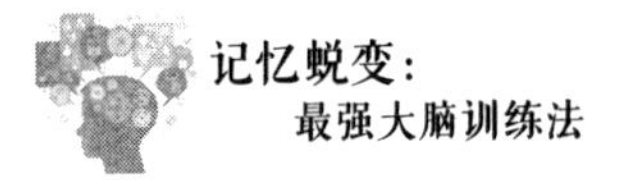

的时候，它们更不理你。为了避免出现找不着物品的现象，你须将它们放在固定的位置——可以将眼镜放在茶几上，书放在桌子上，钥匙放在鞋柜上。当你下次再要找它们时，只要想到固定位置就能很快找到。

4. 捆绑记忆法

如果有一件事情，你想了许多方法总是记不住，就可以尝试捆绑记忆法。

方法很简单，试着将这件事与每天不易忘记的重要事情联系起来，帮助自己记忆。比如，你总是忘记晚上要吃钙片，可以这样记忆：晚上睡觉前刷牙是每天必做的事情，你告诉自己吃了钙片才能刷牙，这样你就会记得要先吃钙片。

捆绑记忆不易遗忘，反而会加深你对这件事的记忆。

生活中做事井井有条的人，不管有多忙，也会记得把自己该做的事情圆满完成，不是因为他的记忆力强，而是因为他懂得使用记忆方法来记忆。

只要平时多花一点儿工夫，你也能做到这一点。

四、瞧，告别路痴其实就这么简单

在一座城市生活久了，理应很熟悉城市的每条街道。

然而，生活中有些人在自己熟悉的城市生活了多年也会经常迷路——去某银行办理业务不知道怎么走，用手机导航去客户那里却将自己导回原地，甚至坐公交车也会把自己弄丢。

我们习惯把去了多遍依然记不住路、分不清方向的人称为“路痴”。简单地说，路痴是指没有方向感或者方向感差的人。

国庆节放假，魏婕和几个闺密约好一起自驾游，去外省的几个旅游景点度假。

出发前一晚，吕珊做好了旅游攻略，她打电话叫魏婕开车过来商议一下细节问题。

吕珊住在郊区，从魏婕家开车到吕珊家需要30分钟。但是两个小时过去了，吕珊还是没有看到魏婕的身影。

“你给魏婕发定位了吗？”小雅问吕珊。

“当然发了，她还回复说已收到。”吕珊忙着给大家解释，转身她又自言自语道，“怎么现在还没到？她不会又犯路痴的毛病了吧？现在我打电话问一下。”

“说不准她真犯路痴的毛病了，之前她来你家不是经常迷路吗？”小雅的话一说完，吕珊就接到了魏婕打来的微信视频电话：“我迷路了，快来救我。”

大家仔细看魏婕发来的手机定位，吓了一跳：“天啊！你竟然开到隔壁区去了，真牛！你就在原地不动，我们开车来接你。”

经过一个多小时的奔波，闺密们终于将魏婕接了回来。到家后，魏婕一直辩解：“你们不能怪我，导航误导了我。我又看不懂地图，所以被导到隔壁区了。”

听多了魏婕的辩解，闺密们没有说话，只是给她翻了个白眼以示回复。

许多人感到疑惑，为什么生活中会有像魏婕这样的“路痴”呢？这是一种病吗？

伦敦大学的研究人员做过一个实验，发现人的大脑里有三种“导航细胞”：方向辨识细胞、空间辨识细胞和定位细胞。

不同的细胞负责不同的功能。方向辨识细胞如同指南针，负责指挥前进的方向；空间辨识细胞负责记忆某个地方的周围环境；定位细胞如同经纬仪，负责确定所处环境的具体位置及距离某个地点的远近。

当我们到一个新环境时，三种细胞获得的信息会一起合作，在脑海中产生一幅虚拟的地图。再次回到原地，我们便可使用这个地图来判断方位。

有些人的这三个细胞不发达，辨别道路时存在一定的困难。相反，有些人的这三个细胞却异常发达。

陆森是大二学生，学习成绩很好。他还是一个记路高手，不管去任何地方，只要看一下地图就不会迷路。

去年暑假时，陆森到北京姑妈家做客。他从早上出发去八达岭长城游玩，晚上八点时安全到家。

出发前，陆森只是看了几遍百度地图。姑妈不放心，怕他第一次到北京旅游会迷路，建议他报名参加旅行社的一日游。

“放心吧，姑妈，我保证不会迷路的。”陆森笑着告诉姑妈。

游完八达岭长城，陆森还去了颐和园、圆明园等地方。回来的路上，陆森问路人如何坐公交车。他听到别人回复道：“你往西走 500 米，拐弯再往北走 400 米就到公交车站了。”

陆森听完对方的话，傻眼了。从小在南方长大的陆森，问路通常会得到对方“往左走 500 米，再往右走 400 米”的指点。“哪里是东，哪里是西？”陆森在原地思考了许久，也没有想明白。

终于，陆淼看到街道边的指示牌，想到了办法。指示牌上面标注了方向，东西对应，南北对应。根据上面的指示，他很快找到了回家的公交车。

到家后，姑妈笑着对他说："北京的城市建筑、公路设施都差不多，很容易迷路，没想到你能游玩这么多地方，最后还能顺利回到家。"

只有陆淼自己知道，如果他不懂得辨别方向，说不定此刻还在到处找路呢。

大量实验指出，路痴可能缺乏三个感觉：方向感、空间感和距离感。其中，缺乏空间感很难记忆复杂的路径，缺乏距离感则会绕道后无法走反向矢量修正路径。

也就是说，路痴不是病。事实上，许多路痴只是对方向感或者距离感有所偏差，只要通过一定的方法加强空间记忆，"路痴"的毛病就能克服。

增强空间记忆，告别路痴有许多方法。

1. 研究好地图

地图是很好的出行工具，它标明了城市的大致布局，标注了重要的建筑物、商场、酒店、公园等信息。

拿到一幅地图，先找到地图中东南西北几个点的重要坐标建筑，熟悉该城市的整体轮廓、道路建设情况。最好是能记住政府、医院、学校、客车站、火车站等建筑在哪里，重要的道路和什么建筑物相连。然后，在脑海中建立起相应的参照物，以便迷路时拿来做指引。

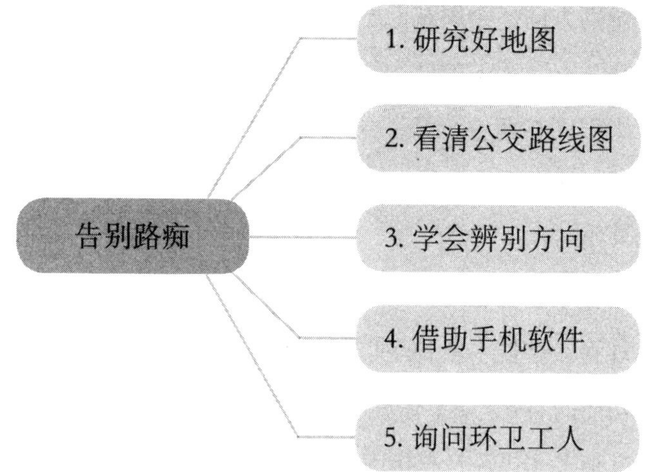

2. 看清公交路线图

公交车站牌上有起点站和终点站，以及公交路线、公交站名、街名等信息。

如果你是第一次去陌生的城市，可以考虑坐环路公交车，将整个城市的街道情况熟记于心；如果是在自己熟悉的城市，平时坐公交车时记下路线和站名，同时记下每一站附近的重点建筑物、往返路相同的站台有何区别等细节。

3. 学会辨别方向

南方人和北方人对方向有不同的表述习惯。南方人习惯称前后左右，北方人则喜欢称东南西北。

很多人对东南西北没有概念，其实，你可以通过太阳或影子辨别方向。中国在北半球，早上的时候，太阳在东方，影子在西方；中午的时候，太阳在南方，影子在北方；下午时，太阳则在西方，影子在东方。迷路的时候，看看影子或太阳的方向，你能立刻知道自己现在所处的方向。

4. 借助手机软件

现在，智能手机都可以下载百度地图、高德地图等带有导航功能的app，如果你有一定的方向感，可以使手机导航。另外，很多手机还带有指南针，可以用它帮助你辨别方向。

如果你去某地中途迷路了，可以打开手机微信的“扫一扫”，点击扫“街景”，根据周围的建筑物找到自己的位置，再结合地图、公交车站名等其他方法重新找路。

5. 询问环卫工人

俗话说：“嘴是江湖，脚是路。”迷路的时候，你可以向周围的人求助，请他们帮忙指路。如果你身边有环卫工人，可以礼貌地请教他们。

环卫工人每天清洁城市，对所管辖区内的建筑、街道名称格外熟悉。仔细听清他们所说的方向，你就能找到正确的路。

上面列举的只是简单的方法，要想真正告别路痴，你还需要努力，加强对空间能力、街道布局、路况特点等的记忆。

生活中，我们要学会眼观六路、耳听八方的能力，养成关注城市信息的好习惯，不能只活在自己的世界里，对身边的环境不闻不问。

五、是时候该对英语单词 say easy 了

进入 21 世纪，知识更新的速度越来越快，世界间的联系更加紧密，学好英语显得越来越重要。

要想学好英语，离不开词汇量的积累。全国英语教学中，初中生要求的英语词汇是 2000 ～ 2500 个，高中生是 3500 ～ 4000 个，英语四、六级考试是 4500 ～ 6000 个。

随着英语学习难度的加深，对英语词汇量的要求也就越多。许多学生不喜欢背诵英语单词，对英语学科产生排斥心理——他们宁愿把时间花在数理化上，也不愿意学习英语。

过年时，曾宇打电话跟大学同学杜凡聊天。他发现自己和杜凡的人生发生了明显的改变——杜凡在国外读博士，自

己本科毕业后在公司上班已有 5 年。

打完电话，曾宇开始自我怀疑：“难道我一辈子只能在公司当一名普通的员工？我为什么不能勇敢地去追梦？”

思考了三天，曾宇决定为自己的将来再努力一次：考研究生。于是，他拿起多年不曾看的课本，发誓考上研究生便辞职，去追求自己的梦想。

不到一个月，曾宇便打了退堂鼓。他不担心专业课，最担心的是英语——高考英语不到 60 分，大学英语四级考了四次也没有通过。

看到密密麻麻的英语单词，他感到头痛，每次都强迫自己记单词，可反复背诵了多遍也没记住多少。他做了一遍考研英语历年真题，最好的成绩只有 40 分，更别说英语阅读理解了。

万般无奈之下，曾宇放弃考研，选择安心上班。

你是否也觉得英语难学，因为单词枯燥，难以背诵，总是背了忘、忘了背这样地反复循环。

英语单词真的不好背吗？不，你说英语单词难背，是你不懂得记忆单词的正确方法。你只要根据单词的特点，采用一定的方法，完全可以在一定的时间内记住大量单词。

统计发现，英语的单词量共有 60 多万个。我们不需要全部记住这些单词，但积累一定的单词量是最基本的要求。拿研究生考试来说，考研英语大纲要求背诵 5500 个单词。只要你掌握了有效的记忆方法，也能做到这一点。

周阳喜欢英语，梦想有一天能考入外语系，将来当上翻译官。

理想很丰满，现实很骨感。每次考试，周阳的英语成绩总是在 80 分左右。如果高考英语考不了高分，他将不能进入理想的大学读外语系，梦想只能是梦想。

从英国留学回来的表哥得知周阳的梦想后，关心地问他："英语单词，你记得怎么样了？"

"我最怕记英语单词了，英语成绩不好也正是因为单词记不牢。这个难题困了我很久，我不知道该怎么办。"周阳无助地说道。

表哥想了想，告诉他："记单词是有方法的，如背诵 danger（危险）、mien（风度）、ambulance（救护车）。danger 可以拆成汉语拼音'dang er'，想象成'当危险来时，母亲走到儿子前面挡住了他'，所以 danger 是'危险'的意思；单词 men 是男人的意思，i 看起来像一根烟，男人一抽烟就没有了风度，mien 是'风度'的意思；ambulance 的读音听起来像'俺不能死'，你可以想象成一个人在说：'俺不能死，快叫救护车。'因此，ambulance 是'救护车'的意思……"

没等表哥说完，周阳就激动地抢着说了下去："我懂了，就是结合单词的字母，编成有趣的句子来记。"表哥看着他，点了点头。

按照表哥的方法，周阳不再害怕记英语单词，他的英语成绩有了明显提升。最后，他考入了理想的大学，选了最喜欢的外语系。

不用怀疑，背单词真的没有你想象中那么难。下面，我们介绍一些快速记忆英语单词的方法。

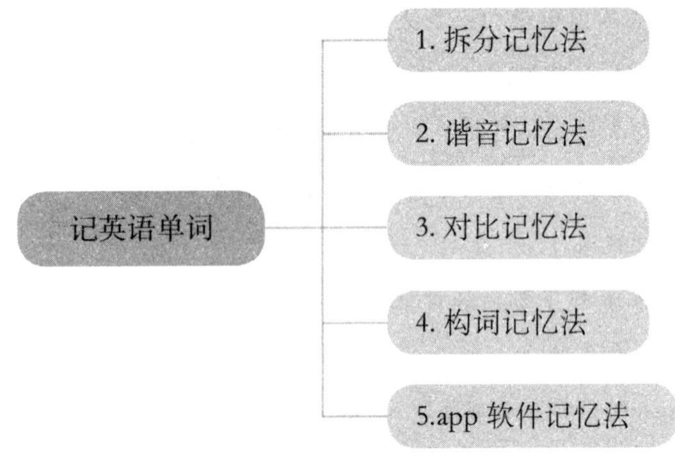

1. 拆分记忆法

大家都知道，汉字有偏旁部首，我们可以根据偏旁部首来学习汉字。同样，许多英语单词也有特殊的结构，尤其是合成词，往往可以拆分成两个单词。记忆这样的单词时，我们可以根据拆分单词进行记忆。

比如，记忆下面的单词：bargain（讨价还价）、football（足球）、blackboard（黑板）。分别将这些单词拆开：bargain 拆分成 bar （酒吧）+gain（获得）；football 拆分成 foot（脚）+ball（球）；blackboard 拆分成 black（黑色的）+board（地板）。

经过这样的拆分，记忆起来会很便捷。你不仅记住了这个单词，还复习了之前的单词。

2. 谐音记忆法

当某个英语单词的读音跟某个中文词语相似或相近时，我们可以使用谐音记忆法。这样一来，只要看着单词便会知道相应的读音（尤其对英语初学者更有效）。

比如，你要背诵下面的英语单词：bellicose（好战的）、ambush（幽灵）、feast（盛宴）、confess（忏悔）、umbrella（雨伞）。

你可以根据单词读音，利用谐音来记忆：bellicose 谐音为“把你口斯”，ambush 谐音为“暗布施”，feast 谐音为“肥死他”，confess 谐音为“肯反思”，umbrella 谐音为“俺不来了”。

通过谐音，记忆这些单词的速度能有明显提高。

3. 对比记忆法

有些英语单词常常在外形、词义、读音等方面有相同和不同之处，利用它们的异同点对比记忆，通常能获得神奇的效果。

比如，要记忆下面的单词：hat（帽子）、bother（麻烦），可以联想到 cat（猫）、brother（兄弟）这两个单词与它们的形状有些相似，只要记住其中一个单词，就能想到另一个。

4. 构词法记忆

英语单词有固定的前缀和后缀，用前缀和后缀的形式来记忆，会取得事半功倍的效果。

前缀有 anti-（反对）、dis-（相反）、en-（放进）、ex-（超过）、fore-（先）、pro-（向前）、re-（重新）、un（不）等。

后缀分为名词后缀、动词后缀、副词后缀、形容词后缀四种，有 -meant（动作）、-cent（人、物）、-ism（主）、-fl（充满）、-able（能够）、-ish（有……的）、-dive（性）、-fly(地）、-wards(向)。

比如记忆 uncomfortable(不舒适)，你会发现这个单词是由 un 前缀构成，代表否定的意思，而 comfortable 是“舒适的”意思，因此 uncomfortable 是“不舒适”的意思。

5.app 软件记忆法

许多职场人士工作繁忙，想学好英语又苦于没有多余的时间。

现在手机软件发达，许多英语学习软件可供使用。你可以在手机上下载百词斩、扇贝、墨墨背单词等 app 软件。这些软件上的单词量丰富，大多还支持离线下载语音、短文等功能。

如果你没有时间背诵英语单词，完全可以利用空闲时间用手机软件来学习英语。

背单词是学好英语的第一步。我们不仅要能准确地背诵出单词，还要知道它的词性、读音以及意思等，这样才算真的记住了单词。

记住英语单词只是起点，只有懂得活学活用，增强对英语语言的熟练度，我们背诵的英语单词才能被记牢。

六、阅读一本书的高效记忆方法

看完一本书，将书中的大概内容记下来，你能做到吗？也许你会说，这很简单，看完一本小说即使相隔多天，也能准确地将书中内容复述出来。

那我问你，如果不是小说，是教科书，你还能将书中内容记下来吗？相信大多数人做不到。记忆高手就有这样的本事，他们能将整本书的内容复述下来。

据某高校的学霸透露，他们在高中的学习中能够背诵整本历史书或者政治书——你随便翻到书中的任何一页，他们能一字不差地说出页面上的内容。

经不住许珍的再三劝说，郑雯加入了某读书分享会。每个周末，该会的成员都会在咖啡屋举办读书分享会。

成员轮流上台，给大家做主题分享。活动要求很简单，围绕主题讲一个小时的读书心得，可以就最近阅读的书籍进行分享。

许珍加入读书分享会已经三年多，是资深成员。她知道郑雯是个爱读书的人，所以才将她拉入分享会。

参加了几次活动后，郑雯表示很喜欢。不过，最近的一次分享会却让郑雯萌生退出活动的想法。原因是：在分享会中，轮到郑雯给大家做分享。为了能给大家留下良好印象，郑雯认真地看了一遍畅销书《活着》。结果在台上，她刚说了一句："大家好，我今天给大家分享的是作家余华写的《活着》，本书主要讲了……"

众人抱着期待的眼神看着郑雯，希望她能继续讲下去。郑雯却一个字也说不出来了，有人在台下鼓励她："别紧张，你是最棒的，加油！"

郑雯的脑子仍然一片空白，只好说："抱歉，我什么也记不起来了，下次再讲，谢谢大家！"

许珍知道郑雯是有能力上台做分享的，她只是不懂得记忆方法而已。郑雯为这件事苦恼了许久，认为自己不适合上舞台，一上舞台就紧张，就决定退出读书分享会。

意大利经济学家维弗雷多·帕累托提出过“二八定律”，这个定理可以运用在很多方面。

拿记忆一本书来说，我们只须记住全书最重要的20%的内容，剩下不怎么重要的80%的内容也能记住。

记忆一本书是有方法的。我们可以先集中精力记忆书中20%的重点，再逐步突破剩余80%的内容。只要肯尝试，你会发现有许多方法能帮自己记住一本书的内容。

钟玲在单位是出了名的才女，她能出口成章、妙语连珠地和大家讨论各种话题。

有一天中午，新来的同事龚瑜和钟玲聊天。聊完后，龚瑜忍不住夸她：“我研究生毕业后就很少看课外书了，今天跟你聊了这么久，看到你侃侃而谈的样子，我决定以后要多看书。”

“加油，相信你能做到。”钟玲礼貌性地鼓励对方。

龚瑜追问道：“我很好奇，你看了那么多书，为什么都能记住？有什么特别的方法吗？”

钟玲听了，笑着回答：“我主要用的是理解记忆法。每看完一本书，我会消化吸收。比如，阅读一本社科类书籍，我会写一篇书评，写完后再去看别人对这本书的评论，思考我和别人写的有什么不同——站在书评人的角度去评价这本书的优缺点，看懂作者的写法、行文逻辑等特点，将书的内容理解消化变成自己的知识，再去重点记忆。”

“所以，你不是盲目地记忆，而是消化吸收？”龚瑜似乎听明白了。

“可以这么说，最重要的是学会利用碎片化时间进行反复记忆，直到彻底掌握这本书的内容。”

听完钟玲的话，龚瑜表示受益匪浅。

利用零碎时间来消化理解一本书的内容，如等公交车、坐地铁、午间休息、吃饭等时间都可以用来记忆。

一本书看完了，进行消化吸收，然后在实际生活中运用，它才能被你真正读懂，进而产生积极的作用。如果你阅读完一本书，转身就忘了这本书的内容，再想要运用书中知识去面对工作或是生活，将会是痴人说梦。

记住一本书的内容，有多种方法值得我们使用。

1. 查看封面信息

拿到一本书的时候，先看书名、作者简介、出版社、出版日期，这是一本书区别于其他书的地方，能增加你对整本书的了解。

只有先了解这些信息，你才能开始接下来的记忆。

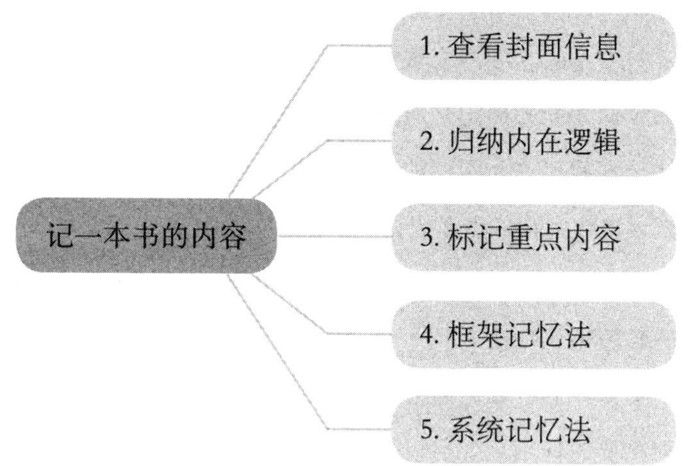

2. 归纳内在逻辑

这本书写了什么？是用何种方式写的？

你必须学会自己找到这些问题的答案，才能对书的整体内容有框架性的认知。可以通过看书名、序言、目录、章节名、文章标题、后记等信息来掌握，因为一本书基本都由这几部分组成。

仔细阅读，你会发现每部分都有一定的内在逻辑。许多时候，你只须梳理清楚目录里每个章节之间的层次结构、标题大意，便能掌握这本书的主要内容。

3. 标记重点内容

一本书通常会有几百页，如果你只是走马观花地看一遍，即使将书读完了，也很难全部记住书中的内容。

对书中的重要内容进行标记，在脑海里形成对书的清晰认知，你才能知道记忆时应该重点抓哪些部分。尤其是想要记住一本教科书，阅读的时候先标注重点内容，然后记读书笔记，这样会帮你迅速记住重要信息。

4. 框架记忆法

书读完后，如果能够在大脑中形成整体框架，将对记忆起到重要的作用。你可以用思维导图的方法，根据章节、行文逻辑等画出一幅脉络图。

你要清楚，整本书围绕哪几个部分展开，包括多少章节，每个章节由多少篇文章组成，每篇文章用了哪些手法，说明了什么问题。

5. 系统记忆法

考试的时候，你明明仔细背诵过书中的重要内容，提笔的瞬间竟然怎么也想不起来，甚至把记忆的内容都弄混淆了。

出现这种情况，主要是你没有在大脑中形成由点带面的记忆系统。我们要学会把凌乱的材料整理成有系统、有结构的框架，这样记忆起来才会更加高效。

记忆一本教科书，你可以使用系统记忆法：将每个章节的大标题写下来，再写下对应的小标题。弄清大小标题之间的逻辑，再翻开书记忆每个章节的标题。

首先，背诵好所有的标题，接着把标题里的内容加进去，做到每个知识点都属于哪个章节，形成一个完整的系统。这样，记住整本书将变得轻而易举。

喜欢阅读是一个良好的习惯。试着从一本你感兴趣的书籍开始练习，相信通过一段时间的努力练习也能记住整本书的内容。

七、可以提高我们记忆力的小练习

让你背一串陌生的电话号码，你可能会觉得很难。如果要背诵的号码是你上司或闺密的，你一定能脱口而出，毫无障碍地背诵出来。

许多时候，不是你记忆力差，而是你没有合理利用自己的记忆潜能，认为自己做不到，不相信自己罢了。在这种自我否定的心理状态下，即使你能做到的事情，也会做不到。

许多人的认知中，持有这样的观点：记忆力好的人，很聪明，也很有天赋，记忆力差是不可能改变的事实。

杨帆今年28岁，在一家设计公司任职。9月，他拿到了北方一所大学的研究生录取通知书，这让所有人感到无比震惊。平时闷声不响的杨帆，竟然悄悄地报考了研究生，还成功考上了。要知道，他是一个记忆力很差的人。

每次公司开会，领导刚讲过的内容，他听了就忘。同事之间的日常交流，他也是听后立刻忘记——常常是我们说完一句，他接着会问："你刚才说了什么？麻烦再说一遍，我又忘了。"

杨帆说，当初决定报考研究生，自己也纠结了一个多月。他知道自己的记忆力差，因为专业课有八本书，需要背诵的知识点较多，不可能在短时间内背诵完。

为了实现读研究生的梦想，杨帆强迫自己每天早上5点起床学习，中午和晚上空闲的时间也用来复习。

最重要的是，他会用小卡片将该背的知识点记下来。坐公交车的时候，他会拿着小卡片反复背诵。他还会把知识点录在手机的"喜马拉雅"上，以便空闲的时候重复收听。

终于，他以专业课分数第一、总分第二名的成绩被目标学校录取，实现自己读研究生的梦想。

事在人为，没有完成不了的事。

当你勇敢地挑战自己，逼迫自己去做不敢做的事情时，刚开始可能会因为不适应而感到痛苦。只要你能熬过这段炼狱期，适应了，就会觉得它并没有自己想象的那么困难，甚至会感谢这段艰苦的岁月，是它让你变得更加优秀。

拿背手机号码来说，让你同时背诵5个11位数的手机号码，你会觉得很难。你可以尝试先从背一个手机号码开始，能流利背诵了，再尝试背诵下一个。

由简单到复杂，再多的手机号码也难不倒你。怕的是，你根本不敢采取行动，只知道找借口为自己开脱。

霍梅是朋友圈中的记忆高手。每次我们出去吃饭、唱歌，她往往不看手机里的通信录，直接拿着手机拨打客服电话，一分钟之内将包间预订的事情处理妥当。

相反，我们几个要好的朋友则要打开手机上的“美团”，搜索购买记录，再点开官方的客服电话拨过去，与客服做进一步的沟通，这样花费了许多时间。

有一次，霍梅耐心地给我们“上课”：“背诵电话号码挺简单的，一点儿都不费劲，你只要想着谐音或者感兴趣的数字，反复在心里默读就好了！”

有朋友揶了她一句：“拜托，你是记忆天才，我们可是普通人，哪有你那么厉害！”

霍梅放下手中的奶茶，严肃地解释起来：“我可不是天才，大家都一样的脑袋。我这里有5张19位数的银行卡，我能把它们全背诵下来。”

“大神，你是怎么做到的？求分享经验。”小羽放下手中的手机，一脸崇拜地看着她。

霍梅告诉大家，自己并没有过目不忘的记忆天赋，她只是会在空闲的时候，翻看手机里的号码、钱包里的银行卡，熟能生巧，多次练习也就记住了。

心理学家研究发现，记忆是人脑对经历过的事物的识记、保持、再现或再认，它是进行思维、想象等高级心理活动的基础。其实，每个人的大脑存在着无限的潜能，只要开发得当，我们都能把自己的记忆潜能释放出来。

那些记忆力好的人，不是不下功夫只记一遍就能永远记住，而是他们懂得刺激大脑，反复记忆，所以他们的保持和再现能力强很多。

普通人只要科学有效地训练大脑，长期坚持，也能提高记忆力。

有没有一些可行的小练习，能提高我们保持和再现的能力，从而提高记忆力呢？当然有。

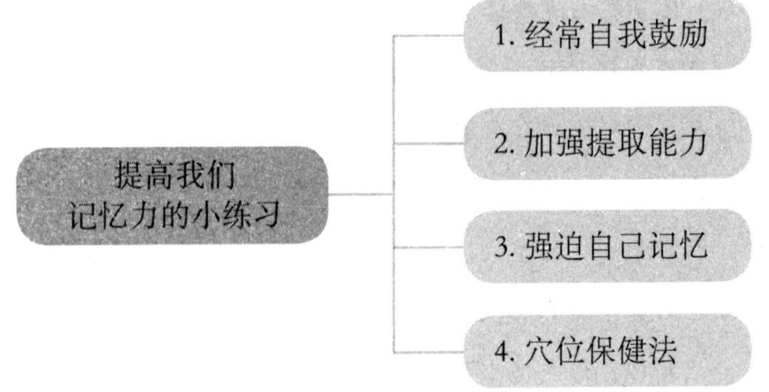

1. 经常自我鼓励

许多人记忆力不好的原因是不肯相信自己。每当要去记东西的时候，还没开始，他们便在心里否定自己：“这个太难了，我肯定记不住，还是趁早放弃吧。”

这样的消极暗示次数多了，他们的信心就会被打击，形成一种恶性循环，变得不再相信自己。

如果你想提高记忆力，在内心深处一定要坚信自己能做到，不要还没开始就自我怀疑、轻易放弃。你可以在开始记东西前鼓励自己：“我是个优秀的人，记这些东西难不倒我。”

2. 加强提取能力

刚记住的东西转身就忘了，这跟人的提取能力有关。要想避免出现这种状况，可以采取冥思回想的训练方法加以改善。

具体方法如下：当你进入一间房子，观察了内部结构后，闭上双眼，试着回想房间的布局。门在哪里？门的前、后、左、右有什么东西？在你的身后有什么东西？

待你完全想了一遍后，再睁开眼认真核对一番，记下你回想错的地方在哪儿。之后重新闭上双眼，试着再次冥思回想，直到把房间内所有的东西都回想得分毫不差。长期坚持这样的练习，你提取记忆的能力自然有所提高。

3. 强迫自己记忆

我们都知道，大脑是越用越灵活，要想拥有良好的记忆，可以在生活中养成强迫自己记忆的习惯。

时间久了，你不仅能掌握新的信息，还能无形中增强你的记忆力。比如，等公交车时，可以强迫自己记忆公交线路的所有站名。同时，养成留心观察身边事物的习惯，学会总结自己的心得体会。这不仅能加强自己的概括归纳能力，还能提高记忆力。

4. 穴位保健法

中医认为，人体有 720 个穴位，适当地按摩穴位，能够产生意想不到的效果。

比如，用拇指和食指从上到下轻轻按摩整个耳朵，会刺激分布在大脑和身体的 400 多个穴位，从而增强我们的注意力、听力、记忆力。用两个手指按摩眼睛周围的穴位，可以促进血液循环，消除记忆障碍。

无论什么时候，都请相信：记忆力不是一成不变的。

如果你当前的记忆力不佳，不要灰心，只要持之以恒地练习所掌握的记忆方法，将它运用到实际生活中，你的记忆力总有一天会变得好起来。